新楼盘

NEWHOUSE 图解地产与设计

27

苏州名家

中国林业出版社

TEAMER ARCH

天萌(中国)建筑设计有限公司

地址：广州市天河区珠江新城临江大道37号碧海湾D幢2○
TEL: 020-37857429
FAX:020-37857590
E-mail: teamer_gz@126.com
http : www.teamer-arch.com

揭阳（国际）再生资源城项目

西蒙奈伦广

东林美城商住小区

锦绣江南商住小

高富豪生酒店

飞来峡白天鹅酒店

天萌是Team，是团队化、专业化、集约化的标志。
天萌是天然萌生力量，师法自然，"萌者尽达"。
天萌是建筑设计梦工场，强调四维表达，全方位精细化设计。
天萌拥有一大批建筑各专业设计精英，仅近几年已完成一系列
高等级酒店、写字楼及大型楼盘的设计。公司以致诚之心为业
界提供规划，建筑，室内，园林全方位的设计及咨询服务。

纵横花园酒店

富港中旅酒店

（figure: company logo）

廣州瀚華建築設計有限公司
GUANGZHOU HANHUA ARCHITECTS + ENGINEERS LTD

广州瀚华建筑设计有限公司诞生于2000年，是国内较早建立现代管理模式的民营建筑设计企业，持有国家颁发的建筑工程甲级设计资质（资质证
理、专业服务"精神，创作了广东海上丝绸之路博物馆、广东美术馆时代分馆、耀中广场、时代玫瑰园、竹韵山庄、依云小镇、中海蓝湾、力迅
二十大 品牌影响力规划建筑设计事务所（公司）"、"中国主流地产金冠奖——最具价值建筑设计事务所"、"中国建筑文化中心优秀设计机构"

广晟国际大厦

工程地点：广州市珠江新城

建筑面积：155635㎡

定位为智能化超甲级写字楼,是广州珠江新城CBD核
心未来的标志性建筑。312米的总建筑高度和富韵
律感的新古典主义建筑风格塑造了新锐而不失稳重
的独特商务办公形象。

地址:广州市天河区黄埔大道中311号羊城创意园2-21栋　邮编:510655
电话:(020)38031268　传真:(020)38031269
E-mail:hanhua-design@21cn.net
网址：www.hanhua.cn

书编号: A144016929），在大型住区、办公、商业、文化、教育和其他建筑类型等方面拥有丰富的设计经验。瀚华秉承"积极创新、精心管上筑、保利香雪山等众多知名佳作，树立了良好的品牌形象。先后有63个项目获得各级设计奖123个，并陆续获得"2004年度CIHAF中国建筑及"全国优秀工程勘察设计行业优秀民营设计企业"等多个机构奖项。

时代依云小镇　　　工程地点: 佛山市南海区狮山大学城内　　建筑面积：90748㎡

场地按自然地形被分为多个台地，顺势而分布的建筑群与自然环境和谐相融。中心花园成为小区周边山水景观的自然延伸；别墅中的庭院设计则体现出东方建筑文化的精粹。

龙岗撞大运

龙岗中心城置业宝典

作为深圳申办第26届世界大学生运动会的主要体育设施和深圳最主要的全民健身活动基地的龙岗中心城西区，自然吸引了大批开发商和购房者的关注，新的购房圈——"大运购房圈"因此崛起，并成为了原深圳特区外房地产市场最具发展潜力的区域之一。

大运购房圈从行政归属上讲位于龙岗中心城西区，北接龙平-清林轴线，南接深惠-龙翔轴线，包括龙平西路以南，龙翔大道，黄阁路，如意路，总占地面积约14平方公里。

深圳搜房新房事业部宣

详询:http://newhouse.sz.soufun.com

苏州楼市

自古与杭州有"人间天堂"美誉的姊妹城苏州，自然成为了开发商选择的又一重要城市。

地价相对较低、经济又相对发达，这预示着苏州的房地产存在可观的升值潜力。除了苏州优良的投资环境，合理的城市布局和旧城改造力度的加强，未来市场需求的持续高涨以及每年数十亿的外资进入，还值得注意的是苏州交通优势的提升。苏州，可算是中国第一个开建城市轨道交通的地级市。目前1号线、2号线已经开建，4号线也已奠基。2012年6月，1号线将通车试运行，苏州将从此进入轨道交通时代，这样苏州"轻轨房"的概念将得到全面强化。这些应该都是苏州楼市会持续繁荣的理由吧。

受3月限购令、限价、限贷、加息等一系列刺激政策陆续收紧的影响，苏州楼市交易趋冷。5、6月大幕初启后，苏州楼市才进入全面迎春的态势。多家楼盘纷纷厉兵秣马、扎堆开盘，大量新盘纷纷展开强大营销攻势，品牌牌、服务牌、优惠牌……一时间楼市热闹非凡。但无论是老盘新开，还是新盘入市，都不忘打出"优惠牌"，这样再次例证了苏州高性价比的优势。

2011年，苏州楼市从"大限"到"苏醒"，接下来，"竞争"必将激烈。

这期除苏州知名地产外，还有国内最为知名的中海地产、龙湖地产、保利地产等众多大牌的精彩之作，值得读者细细品鉴。

王志

jiatu@foxmail.com

NEWHOUSE 图解地产与设计

2011年 总第27期

面向全国上万家地产商决策层、设计院、建筑商、材料商、专业服务商的精准发行

指导单位 INSTRUCTION UNIT
亚太地产研究中心

出品人 PUBLISHER
杨小燕 YANG XIAOYAN

主编 CHIEF EDITOR
龙志伟 LONG ZHIWEI

编辑记者 EDITOR REPOTERS
唐秋琳 TANG QIULIN
钟梅英 ZHONG MEIYING
张婷 ZHANG TING
胡明俊 HU MINGJUN

设计总监 ART DIRECTORS
杨先周 YANG XIANZHOU
何其梅 HE QIMEI

美术编辑 ART EDITOR
吴晓珊 WU XIAOSHAN

国内推广 DOMESTIC PROMOTION
广州佳图文化传播有限公司

市场总监 MARKET MANAGER
王志 WANG ZHI

市场部 MARKETING DEPARTMENT
方立平 FANG LIPING
熊光 XIONG GUANG
王迎 WANG YING
杨先凤 YANG XIANFENG
熊灿 XIONG CHAN
刘佳 LIU JIA
刘谭春 LIU TANCHUN

图书在版编目（CIP）数据
新楼盘. 苏州名家 / 佳图文化主编. --
北京：中国林业出版社, 2011.7
ISBN 978-7-5038-6245-8
Ⅰ.①新... Ⅱ.①佳... Ⅲ.①建筑设计 - 苏州
市 - 图集 Ⅳ.①TU206

特邀顾问专家 SPECIAL EXPERTS (排名不分先后)

赵红红 ZHAO HONGHONG	梅 坚 MEI JIAN
王向荣 WANG XIANGRONG	邓 明 DENG MING
陈世民 CHEN SHIMIN	陈 亮 CHEN LIANG
陈跃中 CHEN YUEZHONG	张 朴 ZHANG PU
冼剑雄 XIAN JIANXIONG	盛宇宏 SHENG YUHONG
陈宏良 CHEN HONGLIANG	范文峰 FAN WENFENG
胡海波 HU HAIBO	彭 涛 PENG TAO
程大鹏 CHENG DAPENG	徐农思 XU NONGSI
范 强 FAN QIANG	田 兵 TIAN BING
白祖华 BAI ZUHUA	曾卫东 ZENG WEIDONG
杨承刚 YANG CHENGGANG	马素明 MA SUMING
李鸿新 LI HONGXIN	仇益国 CHOU YIGUO
黄宇奘 HUANG YUZANG	

编辑部地址: 广州市海珠区新港西路3号银华大厦8楼
电话: 020-89090386/42/49、28905912
传真: 020-89091650

北京办: 王府井大街277号好友写字楼3409~3414
电话: 010-65266908
传真: 010-65266908

深圳办: 深圳市福田区彩田路彩福大厦B座23F
电话: 0755-83592526
传真: 0755-83592536

WEBSITE COOPERATION MEDIA
网站合作媒体

SouFun 搜房网
www.SouFun.com

中国版本图书馆CIP数据核字(2011)第131789号
出版：中国林业出版社
主编：佳图文化
责任编辑：李顺
印刷：利丰雅高印刷(深圳)有限公司

CONTENT

018

026

066

112

126

苏州热门楼盘

九龙仓时代上城

开盘时间：2011-08-01

开 发 商：香港九龙仓集团

均　　价：16,000元/m²

售楼地址：园区现代大道与钟南街交汇处

首开悦澜湾

开盘时间：2011-04-09

开 发 商：苏州首开嘉泰置业有限公司

均　　价：9,500元/m²

售楼地址：园区唯新路88号

首开班芙春天

开盘时间：2011-05-08

开 发 商：苏州首开永泰置业有限公司

均　　价：9,500元/m²

售楼地址：相城区金砖路199号

朗地蓝山郡

开盘时间：2011-05-21

开 发 商：苏州朗地置业有限公司

均　　价：8,400元/m²

售楼地址：高新区文昌路与金灯街交界处

合景峰汇国际

开盘时间：2011-05-01

开 发 商：苏州市合景房地产开发有限公司

均　　价：11,000元/m²

售楼地址：苏州人民路延伸段与阳澄湖西路交叉口

珠江首府

开盘时间：2011-05-28

开 发 商：苏州珠江置业有限公司

均　　价：8,800元/m²

售楼地址：吴中区长江路58号

诚河新旅城

开盘时间：2011-05-14

开 发 商：苏州诚河置业有限公司

均　　价：8,800元/m²

售楼地址：吴中塔园路55号

海尚壹品

开盘时间：2011-05-28

开 发 商：江苏友谊合升房地产开发有限公司

均　　价：12,000元/m²

售楼地址：园区九华路118号

朗诗绿色街区

开盘时间：2011-05-15

开 发 商：苏州朗华置业有限公司

均　　价：12,000元/m²

售楼地址：苏州市金枫路与苏福路交界处

雅戈尔未来城

开盘时间：2011-05-22

开 发 商：雅戈尔置业控股有限公司

均　　价：14,000元/m²

售楼地址：园区沈浒路535号

金科王府

开盘时间：2011-05-01

开 发 商：金科集团苏州房地产开发有限公司

均　　价：18,500元/m²

售楼地址：新区滨河路与枫津大道交叉口

招商小石城

开盘时间：2011-04-01

开 发 商：苏州招商南山地产有限公司

均　　价：9,000元/m²

售楼地址：吴中区小石湖路6号

水巷邻里花园

开盘时间：2011-05-28

开 发 商：晋合置业（苏州）有限公司

均　　价：30,000元/m²

售楼地址：园区金鸡湖路一号

仁恒双湖湾

开盘时间：2011-05-14

开 发 商：仁恒地产（苏州）有限公司

均　　价：20,000元/m²

售楼地址：园区石港路与东华林路交叉口

都市VIP

开盘时间：2011-05-21

开 发 商：苏州工业园区嘉安投资有限公司

均　　价：11,000元/m²

售楼地址：园区星湖街与阳澄湖大道交汇处

枫情水岸

开盘时间：2011-06-01

开 发 商：苏州栖霞建设有限责任公司

均　　价：17,800元/m²

售楼地址：园区西洲路8号

水韵花都

开盘时间：2011-05-01

开 发 商：苏州市相城城市建设有限责任公司

均　　价：11,000元/m²

售楼地址：相城区广济北路与华元路交界处

花样年太湖天城

开盘时间：2011-05-01

开 发 商：苏州市花万里房地产开发有限公司

均　　价：14,500元/m²

售楼地址：吴中区烟波路与香山南路交汇处

雅戈尔太阳城

开盘时间：2011-05-01

开 发 商：雅戈尔置业控股有限公司

均　　价：10,000元/m²

售楼地址：园区现代大道、星华街交汇处

中海国际社区

开盘时间：2011-04-01

开 发 商：中海发展（苏州）有限公司

均　　价：12,500元/m²

售楼地址：园区湖东琉璃街与钟园路交汇处

（以上资料由搜房网提供）

开发商布局调整已展开 限购令明后年或取消

"限购令持续时间不会很长，明后年或会取消，不取消压力太大。"6月7日，在"中国商业地产博览会新闻主题研讨会"上，中国央行中房价格指数研究员陈湛匀如是判断"限购令"的执行期限。

陈湛匀作出这一判断之际，市场对限购令正陷入纠结：一边是有报道称楼市限购令可能将扩大至三四线城市，一边是海口和大连等地近期先后传出限购令松动的消息。虽然已遭当地政府否认，但有观点称，二三线城市的地方政府，背负着既要控制房价又要解决保障房建设资金的双重压力，对取消限购或放松限购的期望较为迫切。另据财新报道，此前不久，某央企开发商曾称，"北京高端项目的限购有可能在年底前放开"。据称，其消息也来源于政府内部人士。

对上述种种未获证实的"传言"，中国某研究院副院长分析，这至少反映出，此前地方政府过于依赖土地财政的情况亟待改变。

保障房项目检出"瘦身钢筋"广西多家企业被查处

离住建部规定的各地保障房建设进展信息公示日期不远，各地保障房建设中的问题也接踵而来。近日，广西住房和城乡建设厅通报了2011年第一季度全区建筑市场暨建筑工程质量安全层级监督检

全国七成保障房没开工，5年1亿恐成空

据说今年的保障房项目目标为1000万套保障房10月底前全部开工。然而，根据已公布的数据，目前仍约有七成没有开工。

已公布的数据显示，截至5月底，上海经适房项目已完成约25%的开工计划。截至5月下旬，江苏省45万套保障房任务总体开工率约为30%。截至4月底，浙江省完成年度目标任务的33.2%。这已经是公布信息城市中开工率较高的城市。

中国房地产协会副会长顾云昌表示，保障房任务的数量比较大，各地政府在资金、土地供应计划上都需要进一步落实。1000万套的总投资额约1.4万亿元，让地方掏这么多钱投入到保障房建设，还有一定阻力。

顾云昌表示，此次中央对全国保障房建设下达了具体的指令性数量指标,采取"问责制"这种严厉的行政手段。预计，接下来数月各地将迎来保障房大规模集中开工的热潮，但他担心，如果地方政府不够重视，可能出现偷工减料等问题。

查情况，在督查组随机抽查的20个保障性住房项目中，部分保障性住房被查出存在砌筑质量不高、使用"瘦身钢筋"、安全隐患较多、材料报验和工序验收把关不严、项目管理人员不到位等乱象。

如广西地大建设工程有限公司施工的梧州市廉租房四期5号楼工程，未办理施工许可证，却已施工至5层楼面；在广西上思县，被抽查的3个工程被查出存在重大质量安全隐患和项目管理人员不到位的问题。上思县2010年度廉租住宅楼工程（昌菱农场）A标4号楼，钢筋合格证明文件和复验报告均标识为柳钢产品，而现场实际却非柳钢的产品。除此之外，仍有部分保障房工程使用超规范允许范围冷拉加工的"瘦身钢筋"，如上思县2010年度廉租住宅楼工程（平广林场）B标2号楼四层柱直径为12mm的HRB335主筋，抗拉强度与屈服强度均不合格，重量偏差达-40%。

六月的土地 谁来为地王买单？

6月8日，广州将一口气推出位于琶洲、珠江新城、白云新城、大学城、广州南站等城市重点区域的共计54宗土地，出让面积达到220万m²。同样，一直颇受关注的北京朝阳区CBD剩余的9地块也再度入市，北京土地部门在近日举办的入市交易土地介绍信息发布会上表示，下一阶段北京还将有1200万m²经营性用地上市，土地供应充足。

而就在6月初，根据上海市规划与国土管理局公告，6月3日~29日，上海将有共计17幅地块出让，其中宅地12幅，包括4幅保障性住房用地，共计出让面积为76.8万m²。有业内人士乐观预计，在六月，上海抢地大战或许将无法避免。

但现在的大问号就是，在调控并不见得会放松的现实下，政府急急忙忙将土地大量推出，谁来为地王买单？

在这次广州土地推介会中，政府显然已为土地出让已做足了功夫：有意向的可先洽谈"勾地"，全部都将"熟地"出让。但在调控压力下矛盾的心态也表露无疑，显然，高悬的土地出让热情与进一步收紧的楼市调控政策并不相互适应。

东莞楼市"空城计"：香港客割肉 深圳客杀入

随着深圳出台"限购令"，东莞的老百姓正感受到一股似曾相识的房地产热潮：越来越多深圳投资客蜂拥而入，本地房价持续攀升，但伴随而来的是越来越多空置房的涌现。

樟木头，这个坐落于东莞市东南部的小镇，拥有"小香港"的美誉，上世纪90年代，曾经吸引了大批香港人到此置业投资，也因此套牢了大批香港人。但如今，香港买家纷纷割肉抛盘，深圳投资客却蜂拥接盘，这个曾经被看作是高房价压力下香港人"异地置业"的首选之地，如今却逐渐成为深圳炒房客的摇篮。

hpa建筑大师在2011首届中国住宅设计大会上发言

6月2日上午，由中国房地产研究会、中国房地产业协会主办的2011首届中国住宅设计大会在大连棒棰岛宾馆召开，本次大会邀请了国内外知名建筑大师前往参与，其以"创新转型，绿色低碳"为主题，旨在整合设计产业资源，提高规划设计、住宅开发、建设施工等企业及其从业人员的技术创新和应用能力，促进住宅产业升级，提升住宅建筑品质，推进住宅建设可持续发展。

何设计（hpa）建筑大师何显毅先生在大会上就"住宅设计"的基本理念进行了为时半个小时的精彩演讲，分别就规划设计、深化设计到现场实施三个阶段阐述了hpa对住宅产品的设计理念，这也是hpa一贯坚持"以人为本、打造精品"之重要设计理念；最后，何先生还寄予年轻建筑设计师对中国建筑未来的期许和肯定，鼓励莘莘学子勇于创新，作出更多对国计民生有益的设计和建筑。

房产开发商"非暴力不合作"或致新一轮调控

每次楼市新政出台之日，就是大量开发商集体"隐身"之时。对比去年4月国务院发布"国十条"、9月七部委出台继续贯彻"国十条"的五项调控措施以及今年1月份出台新"国八条"的楼市变化，不难发现，在政策层面坚决打击楼市投机的风口浪尖，绝大多数房地产项目都选择打太极的方式以柔克刚，市场上除了购房者踪迹少见之外，开发商也仿佛一下子消失了似的，开盘项目骤减。而这种博弈的结果，多年来都是开发商占据上风，政策效力被逐渐化解。专家认为，当下正是市场预期博弈的关键点，若开发商继续保持这种非暴力不合作的开发模式，有可能遭到新一轮调控的打击。

一人拥有680套住房说明了什么？

博文：上网搜索"住房"发现了《一人拥有680套住房在"撼"什么？》的文章；原来是深圳大学金融研究所所长国世平教授说他的一学生在广东东莞买了680套房。他建议投资者今年不要买房，不然很可能会成为最后一棒。国教授的这句话给了那些持"高房价是刚性需求"观点者一个响亮的耳光，原来中国住房早就不是刚性需求了；它只是中国经济和中国人的吗啡，有了它就使经济腾飞。就如博客主的老家农村本来冷清，启动房地产经济后就腾飞了：老家行政村只有2300多人，可政府规划的商品房竟有6000多套；也就是说这个村的人每人都可能拥有2~3套商品房；所以这个村的人个个兴奋得很，说房地产给他们带来了幸福；周围的村民都羡慕不已。

中国人住房形式多样，产权归属更是多样化；究竟有多少住房就成为了社会的谜。一方面是住房越来越多，另一方面是老百姓还是没有住房。这就应了中国的古话，"富者连田阡陌，贫者无立锥之地"；穷人为什么无立锥之地，是因为富者"连田阡陌"；当今中国的穷人为什么买不起能够放下一张床的住房，就是因为富人拥有680套住房。

中国港口博物馆将于11月在北仑开建

近日，宁波·中国港口博物馆建筑方案已获批复，目前正在进行扩初设计。顺利的话，宁波·中国港口博物馆将在11月份开工，预计到2013年12月投入使用，总投资4亿元。

去年7月，宁波·中国港口博物馆在北仑春晓滨海新城奠基，建成后这将是国内首个以港口为主题的大型博物馆。

据介绍，作为国内首个大型港口博物馆——宁波·中国港口博物馆，定位为"城市标志、文化符号、教育基地、旅游亮点、百姓客厅、交流平台"，建筑规模3万平方米。建筑设计从海螺中获取灵感，通过从海螺中抽象出螺旋形进行设计。两馆采用一大一小两个螺旋造型，通过一个可上人的曲线坡道进行连接，形成整体。

美国西雅图NEXT住宅

这是一个占地250.84m²的私人住宅，设计融合美国西北部现代的传统，呈现出高质量的可持续特性，这是建筑师的一次大胆尝试，为的是创造出一个极其先进的绿色现代住宅。住宅设计是为了欣赏周围的场地，拥抱周围的景色和光线，同时营造出一种茂密的美国西北部景观微环境。设计包括露台，甲板和门庭等室外元素，既为正式场合也为私人环境服务。

日本"蚕茧"大厦

东京时尚塔形大厦位于东京新宿区，这里有三所不同的学校：东京时尚学校，HAL Tokyo学校(信息技术和数字技术)以及Shuto Iko(医学护理学院)。建筑新颖的"蚕茧"外观体现了设计师独特的构思。

按照设计师的设计理念，学校不应该仅仅只含有教室，还包括有多功能的走廊以及像校园一样的中庭空间，在这里学生可以相互交流。这座建筑中有一个三层楼高的中庭作为"学生休息空间"。

该建筑的平面很简单，长方形的教室围绕内部核心处旋转120度。从第一层到第五十层，这些长方形的教室成弯曲的形状排列。建筑内核部分含有升降梯、楼梯和传动轴。学生休息室位于教室之间，朝向东、西南和西北三个方向。

马德里"ncc"新文化中心

西班牙建筑和城市规划事务所fündc最近完成的项目"ncc"新文化中心，是马德里pozuelo

南非纳尔逊曼德拉海湾球场

纳尔逊曼德拉海湾多功能球场位于伊丽莎白港，是Gmp Architekten建筑事务所为2010年南非世界杯设计的第三座球场。这是一个足球和橄榄球比赛用的球场，座落在阿尔弗雷德王子公园中的北端湖湖边。它像一朵花一样"生长"在湖边，成为此地的地标建筑。建筑和湖中的倒影相互辉映，形成那个一幅独特的景色。

球场的轮廓暗示建筑结构的清晰设计。柱廊式的走道将整个球场围绕起来，它的水平终点就是玻璃大厅。屋顶使用了叶形的元素设计，叶柄延伸到走廊层。屋顶结构的朝向考虑到当地的气候条件，不仅能保证观众免受太阳的暴晒，还能保护观众免受强烈频繁的海岸风影响。铝制表面覆盖在三角桁架上，空隙处则使用了聚四氟乙烯薄膜面。所有的技术设备都安装在屋顶上，包括音响系统、灯光系统和维修道。

球场能容纳48 000人，分上下两层。圆形的看台设计让观众能拥有最佳的视野，并有助于形成一种热情洋溢的氛围。

de alarcón地区十年来最大的城市开发项目。它位于padre vallet广场，建成后的文化中心将成为城市文化网络的原点和新地标。

胆的三角形大厅由几何形式和悬臂体量组成，将建筑本身与周边灰色的历史建筑景观融为一体。会议大厅采取了灵活的平面布局，可移动楼板能够根据不同的功能需要进行调整，使这个空间可以举办多种文化活动，包括展览和表演等。建筑占地面积20 000平方米，由新旧两种完全不同的建筑风格组成，建筑师用这种并置共生的手法设计了这座传统却又充满变化的空间。

韩国健康运动教育中心

健康运动中心是由Kang Chul-Hee 和 Idea Image Institute of Architects共同设计的，对于当地居民来说，极具吸引力。同时也突出了它作为社区运动中心的重要性。该中心坐落于Kang-won大学Choon-Chun校园东部，隐蔽于周围的环境之中。因此根据陡峭的地势，该中心的游泳池和教育设施都设计有多层次的入口，创造了一个多功能的入口通道和充满挑战性的空间。

从多层次通道进入到健康运动中心之中，第一层有供教职员工、学生和当地居民使用的日常运动设施，同时第一层还有教育设施和教室。像游泳池、体育馆和展示厅这样的主要设施都在第二层，人们可以通过广场前面来到这里。教授办公室在第三层和第四层，根据办公室的用途，都是面朝东南设计。

对自然和高效的细心周到的考虑，为校园树立了一个绿色环保的形象。使用天窗和电动窗可以使游泳池内凉爽，同时也为整个运动场提供了充足的光照。

捷克Lety家庭住宅

这个项目的目标是创造一个在面积上，舒适度和建筑设计语言上都与年轻客户相匹配的设计。住宅由木头做成，有着简单的支撑结构和与之相辅的室内结构。设计使空间得到最大限度的利用，即便是在较小的空间内。住宅的基底是一个透明的非常有逻辑的布局，同时还有充足的储藏空间。

探索之道

Sturgess Architecture建筑事务所的"探索之道"设计方案赢得了加拿大亚伯大省布鲁塞特最新观光点设计大赛。"探索之道"预计在2011年末建造。

"探索之道"俯瞰着森瓦普塔峡谷，它是当地景色的一种延续，它以一种令人惊叹不已的方式把此地壮丽的风景展现给游客。

"探索之道"拥有曲线的几何外观，部分悬于空中，它将游客们带来独一无二的体验。

水盒子景观雕塑设计

水盒子景观周围流动的舞台为这个景观设计增添了一份更加迷人的色彩。这个立方体的空间建筑旨在唤起人们要在长期以来在海湾建立人工岛和水上通道的构思。水立方是由天然材料设计而成，代表了人工设计的最初起源。利用水路和大坝，瀑布为舞台提供了窗帘、背景、私人屏幕甚至是建筑的表面。优良的水质可以吸收和掩盖周围的噪音，同时由水反射和折射出来的景象更是别具风景。

水立方的建造使用的是传统的钢铁结构，同时也是用了非传统的水幕进行外部打造。偶尔，水盒子不作舞台使用时，这座水雕塑会成为迈阿密的标志性建筑。当能量不足时，底部的太阳能电池板可以代替发电，下面的水泵可以使用循环能量，使这个水盒子成为一项持续性的雕塑设计。

葡萄牙莱里亚极简主义别墅

这座可称得上极简主义典范的房子，坐落于葡萄牙莱里亚郊外的一块可以俯瞰小城的高地上，归一对年轻夫妇所有，他们邀请到以打破常规著称的Manuel Aires Mateus进行建筑设计。设计前，建筑师主要出于三方面的考虑：首先这处房产所在地称不上美丽，所以决定以内在补充外在，让普通的葡萄牙乡村景象与现代的低调住宅建筑相融合。其次，希望建筑与位于西面的小城地标建筑——一座中世纪的城堡产生某种空间上的奇妙联系。最后，他不希望这个有4个卧室、300多平方米的房子看上去体量太大。因此设计时他利用街道与庭院的高低差，将房屋的大部分藏于地下，按私密空间和社交空间的功能需求规划出地面层及地下层两部分，同时以中空结构及中央天井为地下区域带来光线和空气。

上海："胶囊旅馆"现身 日均费用88元

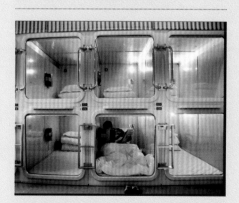

据了解，胶囊旅馆的材料技术要求很高，从框架到配件均为防火耐火材料，连"床垫都是拿去做防火检验的"。而从外观上看来，这个特意定制的床垫和普通床垫并没有什么两样。

RESIDENCE OF MAGNIFICENCE

万人住宅 恢弘宏大
——武汉保利圆梦城

项目地点：武汉新洲阳逻开发区
开 发 商：武汉保利博高华房地产开发有限公司
建筑设计：广州市天作建筑规划设计有限公司
规划面积：784 644.5 m²
建筑面积：2 178 636.3 m²
容 积 率：2.44
绿 地 率：36%

泊湖隔路相望，紧邻阳逻新城政治中心、经济中心。随着武汉重点市政工程三桥一站的相继建成，阳逻新城将实现与汉口主城区和青山区无缝对接。伴着国家级开发区中国港的港口经济快速发展，阳逻的经济进入快车道。

交通方面，汉施公路直连武汉中心城区，柴泊大道对接江北快速路，江北快速路预计2012通车，轻轨也于2015年将直通阳逻，这样势必大大提速城市发展——如此一来，保利·圆梦城的宜居优势将逐渐凸显出来。

规划布局

项目规划用地的西南角直接面对的柴泊湖区域作为低层低密度住宅区。从管理方面考虑，居住区被划分为多个组团，每个组团都以不同的产品区分，主要为低层住宅、多层住宅、小高层住宅和高层住宅。

为了提升整个楼盘的品质，在规划层面上遵守了四个原则：第一是以人为本原则。以人作为规

项目概况

保利·圆梦城总建面积约达217万m²，可容纳约48 813人，约15 000户家庭入住，被誉为是武汉第三大盘，阳逻第一大盘。保利·圆梦城具有城市规模的完善配套，具备提升整体区域的居住质量的巨大潜力。项目首次开发有双拼别墅、小户型高层，板式小高层等多种物业类型，配套有建筑面积约20 000m²的沿街商业、特色商业步行街和综合服务中心等，为圆梦城的居民创造梦想生活。

保利·圆梦城位于新洲区阳逻新城中心，地处武汉西北角的长江中游北岸，汉施公路以南，西至汉口，与柴

划设计的中心和主要度量标准，规划的建筑群、公共配套设施、道路交通、景观环境等都以人的需要为前提。第二是适度超前原则。规划按照建设现代化城市新型居住区的要求，道路交通、绿化景观、公共设施、市政设施均按高标准规划，使之能够适应城市建设不断发展的需要。第三是地域特色原则。在对当地居住文化和市场需求作出充分研究，在自身资源环境经济情况深入调查的前提下建立高标准、环境

佳、操作性强的居住小区，形成具有21世纪气息的
人居景观形象。最后是生态规划原则。项目保持整
个区域的生态平衡，并促进生态系统中各因素的协
调发展，在保证整体发展与生态优先的前提下，认
真研究建筑群的关系，促进社区的经济、环境和社
会持续协调发展。

建筑设计

在建筑设计的层面上，项目以"整体协调、定位恰
当、切合市场"为总的设计思想，延续核心规划理
念，建筑单体试图去体现和满足整体规划意图，并
与环境融合成为整体有机组成部分，重视建筑设计
的文化内涵，使建筑成为一个载体，人文精神从户
型设计、室内空间、社区环境等全方位融入建筑，
突出富于人性的空间理念和重亲情的空间感受。

这个项目的规模十分庞大，住宅的类型也比较多
样，在仔细分析本社区即将服务的多样社会群体类
型、家庭模式及行为活动的基础上，针对不同类型
和定位的户型，通过不同的处理，赋予不同户型以
及空间区域以不同的性格与特征。动静分离、公共空
间和私密空间的有机结合，使人性的需求得到了充分
的满足。

建筑造型沿用了保利的现代简约风格，并进行了创新和尝试。在现代主义的风格之下，运用了不同材质的搭配，使得建筑具有更丰富的表情，展示出温情和人性的特征。小区中不同类型的建筑在突出自身的特点的同时也考虑到整体风格的协调统一，在材质和色彩上既有相同的元素，也有微妙的变化，使得整个小区的建筑富于变化，易于辨识却不失和谐，营造出宜人的居住氛围。

户型设计

主要户型以二居71~90m²、三居114~292m²为主。项目一区联排住宅户型1型的设计是南入口设计，独立前后庭院，建筑面积为169.88m²，露台面积55.75m²，第二层的书房为5.7m²，第三层的家庭厅连接大露台，南北向采光通风。户型2型的建筑面积为164.08m²，露台面积为5.6m²；户型3型建筑面积为164.08m²，露台面积40.74m²；户型4的建筑面积为171.2m²，露台面积42.06m²；户型5的设计在北入口，建筑面积为181.67m²，露台面积25.08m²，客厅两层通高，三面采光通风。

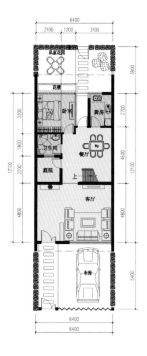

一层平面图

一层平面图　　　　二层平面图　　　　三层平面图

一层平面图　　　　二层平面图　　　　三层平面图

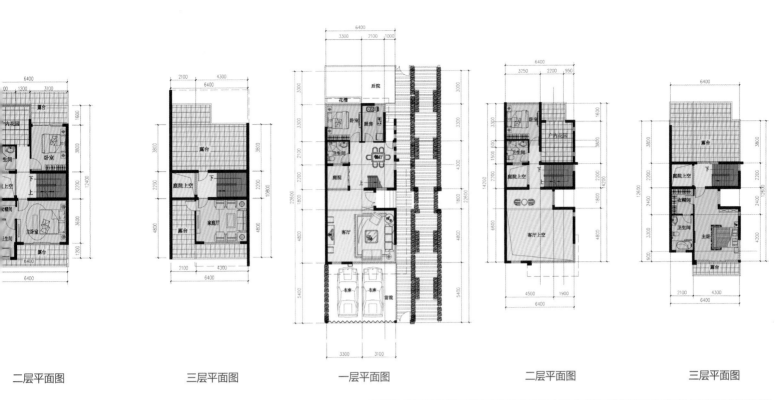

二层平面图   三层平面图   一层平面图   二层平面图   三层平面图

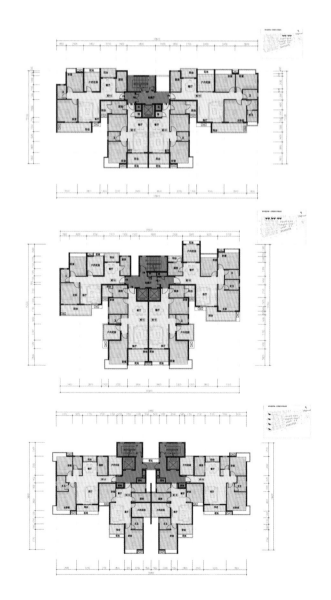

景观设计

项目以柴泊大道为主入口的商业中心广场一直延伸到高层住宅核心景观的南北向主要景观绿轴，最大地利用了景观资源，并与小区内部的景观融为一体。同时为了满足景观的均好性，设置了四个景观核心，分别是低层住宅景观核心、多层住宅景观核心、高层住宅景观核心，同时按不同主题进行景观与绿化设计，丰富区内的景观类型。

CHINESE VIGOR IN WESTERN SHAPE

世界形式 中华风骨
——常州龙湖原山合院别墅

项目地点：江苏常州市
开 发 商：龙湖集团
建筑设计：水石国际
景观设计：上海魏玛景观规划设计有限公司
用地面积：311 500 m²
建筑面积：167 200 m²
容 积 率：1.0
绿 化 率：40%

项目概况

龙湖·原山占地面积31万m²，容积率为1.0，绿化率高达45％，集别墅、高层、商业于一体，是常州首屈一指的高端复合型居住社区。项目创造"合院独栋别墅"，近600栋的宏大规模，呈现出城市别墅群特有的宏伟气度。

龙湖原山位于新北区恐龙园版块核心地段，与享有华东第一温泉美誉的"恐龙谷温泉"仅有河海东路一路之隔。项目东靠常州市政府重点打造的"三河三园"东支河滨河景观带及水上游艇码头，可随时饱览江南水乡美景的秀丽。南接太湖东路，步行即至北塘河滨河景观带及湿地公园，车行3分钟即可至紫荆公园；西靠东经120主题景观大道及繁华沿街商业，无障碍畅享城市交通枢纽的便利及繁华；北邻恐龙园产业集群休闲度假资源核心，与恐龙谷温泉、迪诺水镇、恐龙城大剧院等相互辉映。入则自然，出则繁华，于都市之间实现自然归隐。

规划布局

项目旨在设计一个便于邻里沟通的同时又不影响自家生活的院落。每组院落由十户人家组成，围合出休闲娱乐的户外公共场所。而在合院拉近邻里关系的同时，也不可避免地引出公共和私密的矛盾，为此，本案在空间上从内到外依次有内部的居住空间、自家的小花园、中间的景观公共区等，构成了私密空间、半私密空间以及公共空间三个层级。通过空间的过渡，最大限度地解决了公共和私密的矛盾，拓展了私人文化趣味空间。

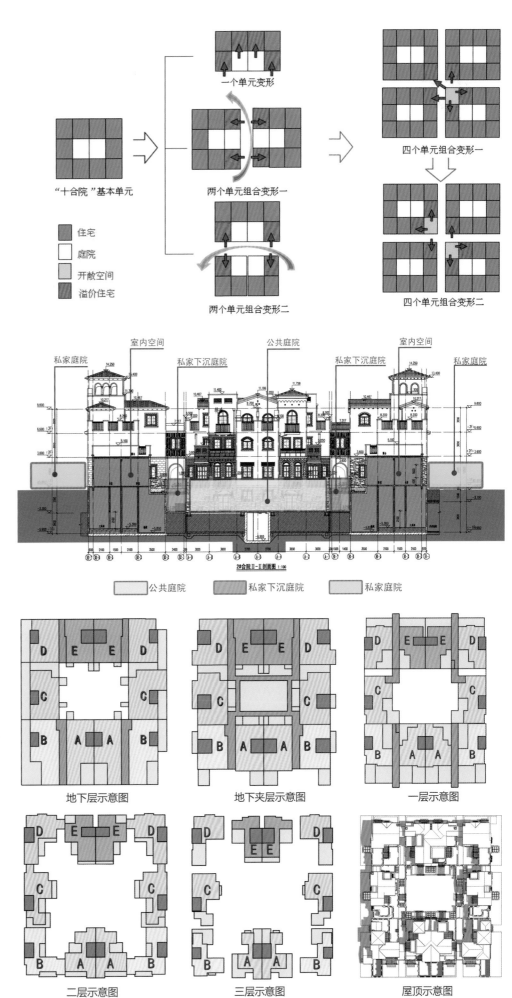

建筑设计

本项目围绕"中西汇"的建筑理念,以"合而不群,卓而不群"的设计理念,于建筑风格、园林景观、建筑选材与设备等诸多方面,汇集世界的精彩。龙湖原山合院别墅将欧洲原生态的居住及空间处理理念引入中国传统的院居建筑,独创"合院独栋别墅",在糅合中国经典建筑如故宫、北京四合院、江南园林等传统居住精髓的基础上,融入自然、人性、适意的欧洲居住体验,在空间尺度、台地高度、园林景观等诸多方面领创常州建筑行列。另外,建筑以质朴的浪漫、优雅的情调为居者提供"殿堂级"的尊贵居住体验,成为"世界形式,中华风骨"的最佳诠释。

项目建筑立面上采用了地中海建筑风格设计,借鉴了意大利和西班牙的风情元素,将其巧妙地融合在一起,形成中式围合院落,实现都市中真正的院落生活。不同的风格,多样的造型,丰富的色彩,让每个建筑拥有不同的表情,彰显个性。

十合院东立面图 1:100

十合院 I-I 剖面图

十合院南剖立面图 1:100

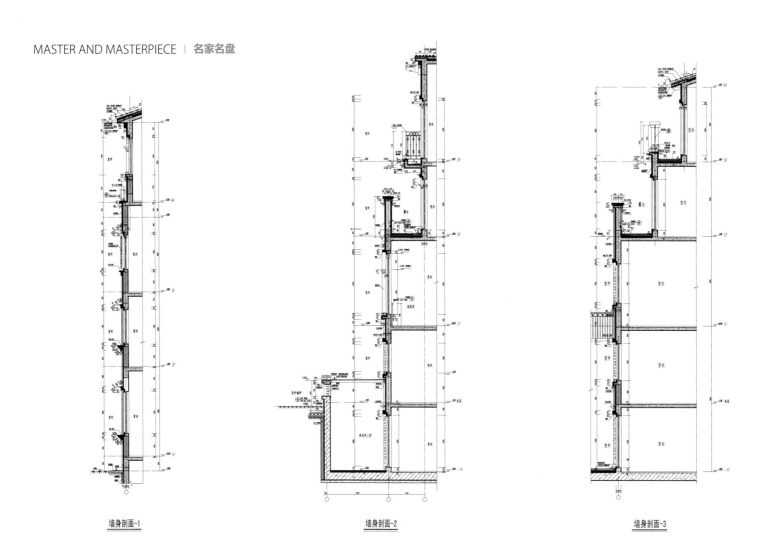

墙身剖面-1　　　　　　　　　　　墙身剖面-2　　　　　　　　　　　墙身剖面-3

户型设计

龙湖·原山以5.3m海拔高度，5.8m地下室挑高，套均500m²以上恢弘空间尺度，附赠超过200m²增值空间，户户双车位，多维度构筑庭院及露台，重塑了常州人居标准。

景观设计

龙湖·原山的园林设计秉承了龙湖最为人称道的"原生态"园林
打造手法，充分依托东支河和流入社区内的支脉溪流，打造了
大型中央主题景观水系；同时融汇了五重立体景观脉络，再现
潺潺溪流、斑斓鲜花、丛生水草、风吹树动……让人漫步其中
能够感受林荫深处、花香鸟语的自然原山。

A FEAST OF LANDSCAPE

饱览超大尺度景观
——中海龙岗奥体新城

项目地点：深圳龙岗区
开 发 商：中海地产（深圳）有限公司
占地面积：118 799.42 m²
建筑面积：450 000 m²

项目概况

龙岗·奥体新城用地总面积118 799.42m²，容积率不超过3.2，其中商业占地15 000m²，住宅357 320m²。项目位于规划中的深圳市龙岗奥体新城北侧，北临29号公路，南临如意路，西临规划中的龙盐快速路，东临规划中的城市次干道，南侧规划有高尔夫球场及体育学校，东南建有运动会使用的场馆及配套酒店等。同时高交会馆也将移至此地，东侧为规划中的居住用地，西侧为永久生态保留绿地。未来几年周边将形成完善的交通及公共服务体系，并建成深圳市奥体新城迎接世界大学生运动会的召开。

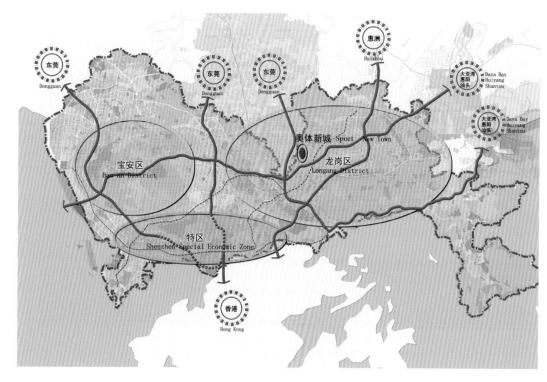

规划布局

本项目用地规划巨大，基地内部地势多变复杂，中部有两座山丘，呈东西对峙，丘顶与最低点高差约有30多米，山丘将地块划分为南北两区，北坡较陡，南坡较缓，用地内大量的原生态植被加以保护利用，成为环境设计的一个亮点。

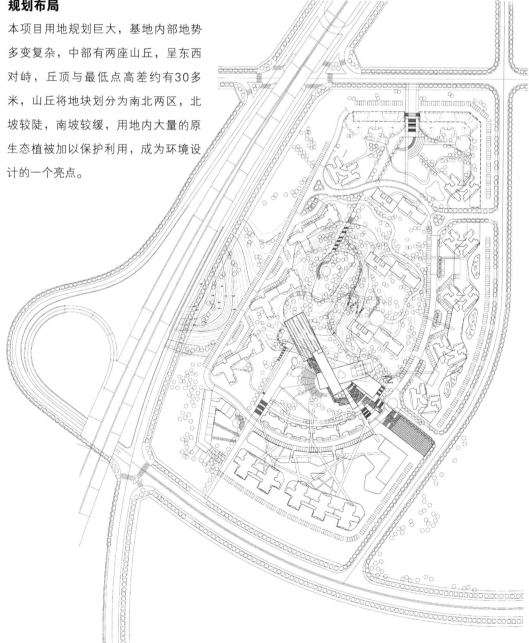

另外，项目整体采用简洁明快的风格，与整个奥体公园的风格相协调。整体形成几大分区，地面尺度采用运动的，多彩的颜色，给人以现代，时尚的感受；中低区采用温和的、中性的色调；高层区采用简洁的、直率的现代风格，体现出高品质楼盘的大气、豪华。

项目从视距分析可得，12层以下是以庭院景观为主，注重庭院的尺度、景深，以近景为主；12~18层拥有足够的景深，以中景和远景为佳；18~24层拥有开阔的景观，可以看到整个庭院；24层以上毫无遮挡，可以看见庭园及周边所有景观，包括远山、城市及奥运公园。

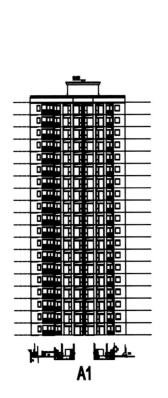

A1

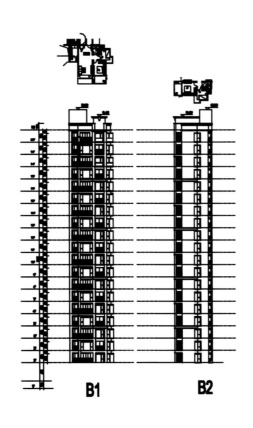

B1

B2

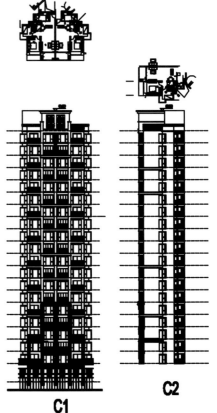

C1

C2

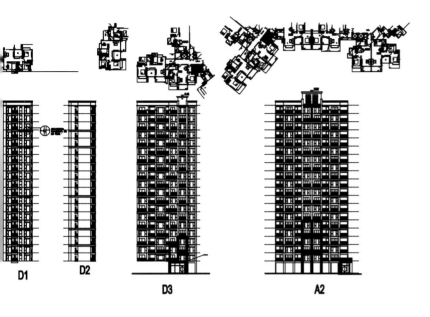
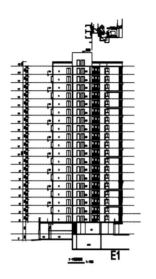
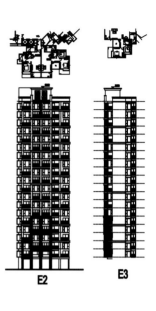

D1   D2   D3   A2   E1   E2   E3

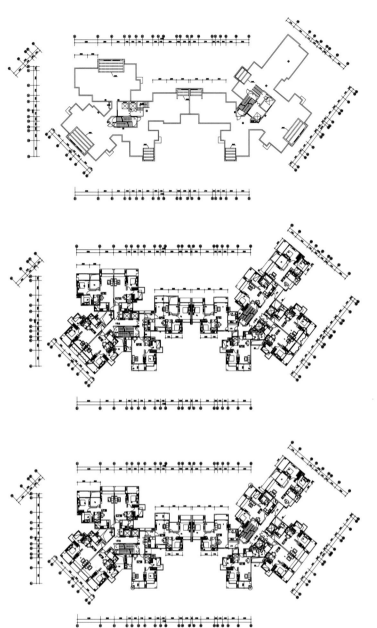

建筑设计

项目在整体上采用高层、小高层围合大院子的手法，打造资源型高品质楼盘。在空间尺度、视野、公共资源上，形成领先市场大部分楼盘的优势。小高层等高端产品直接朝向中心庭院地面景观，外围高层则享有庭院全景和城市远景。

在楼栋布置上，通过错拼的方式组织各楼栋，使每户都能拥有超大尺度的景观视野，充分发掘地块内及地块外的景观价值。同时错拼的方式使中心庭园与周边自然山体之间相互渗透。

在整体空间布局上，将西南角开放，使住区与远景山体形成良好的对话关系，形成了有节奏的城市天际线。

此外，1.5万m²商业的营造是通过对现状及区域规划的充分研究，创造性地引入风情商业街，通过与住宅结构布置的相互结合形成凹入的商业内广场，将商业人流引入，形成开放的内部空间，同时延长了商业界面，充分发挥地块的商业价值，有利于解决大量的商业量；与传统商业街不同，项目加入了绿色后院的概念，使商铺获得双面的采光，从而为商铺提供一个方便、实用、高附加值的商业空间；变化的步行商业街与城市道路之间时而相连，时而断开，形成多变的商业体量，给商业行为带来趣味性，这样使商业与城市之间也形成了对话关系；最后项目结合小区的出入口设置开放性商业广场，利用建筑布局形成了楔形空间。

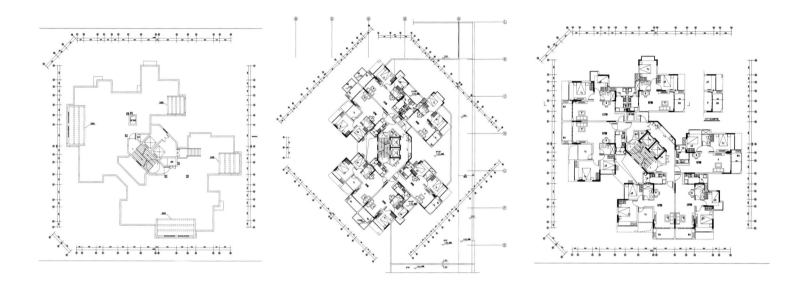

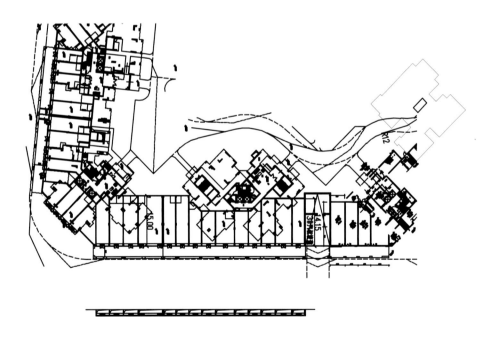

户型设计

项目采用的是高端户型。首先，其将别墅级的立体生活空间带入高层住宅中，创造了有特色的户内生活空间。此外，项目还提供高品质无干扰的居家生活方式。再者，设计因地制宜，能使住户能够全方位使用基地内外的景观资源。还有就是经济性户型特色的设计使户型灵活多变，提供了多样性的家庭生活方式，适应力很强。最后，户内空间与户外空间相互交融，提高经济户型的舒适性，体现了人性化的关怀，为住户提供最佳尺度的生活空间。

景观设计

项目体现出与周边自然生态的相互
渗透，将庭院作为生态的一部分，
与自然共生。项目还保留原有山体
的原生态景观，将真正的原生态带
入社区中的景观设施体现出奥体新
城的文化氛围，营造与之相协调的
奥体匹克主题。项目小尺度的建筑
体量与环境融为一体，实现建筑与
自然的和谐共生。

建筑设计是一项专业化的系统工程

——访上海中房建筑设计有限公司总建筑师 张继红

上海中房建筑设计有限公司
总建筑师

张继红，1966年出生，1989年7月毕业于上海同济大学建筑系，同年进入上海中房建筑设计有限公司从事建筑设计与管理工作至今。主要代表项目有中国工商银行江西省分行办公楼、平阳新村四街坊规划、连城花苑、外滩海琪苑、明园森林都市一期、安亭新镇、日月光中心等。

《新楼盘》：为什么说城市综合体为上海城市和城市人的生活带来了新的发展机遇？

张继红：随着城市化的进程，用地紧缺已成了大、中城市共同关注的课题。轨道交通的发展，又为沿线的旧城改造和新区开发带来了先机。跟随着轨道交通的延伸，多功能、大规模、混合集聚的开发模式——"城市综合体"成为了一种城市建设的新形式。它同时也为城市人带来了方便、快捷、高效的现代生活方式。

《新楼盘》：在你院的地铁上盖城市综合体设计中，对大面积的商业有什么新的设计理念？

张继红：商业发展的生命力在于客流的聚集，轨道交通大容量的运能，在给人们提供通行便利的同时也源源不断地为商业带来大量的消费人群。

日月光中心的商业从地下二层至地面五层，共约9万 m²。设计中，位于地下二层的站厅及地铁疏散通道两侧，均与下沉式商业广场、商业内街之间在视线及空间上相互贯通、浑然一体，为商业带来了无限商机。下层式广场不仅是人们购物休闲的场所，也是大面积商业中识别性很强的空间。均匀布置的自动扶梯和下沉式广场使地下与地面融为一体，形成了"商业无上下"的概念；圆形的布局，又缩小了各类商业区位的差异。这种设计方法，不仅为购物带来便利，也为铺位的租售创造了有利条件。

《新楼盘》：在"日月光中心"项目设计中你们提出了立体交通的设计方法，是否能加以简要地阐述？

张继红：日月光中心交通组织十分复杂，于是便出现了立体交通的设计方法。地铁人流的安全疏散是交通组织的首要。因此在设计中，当遇有应急情况发生时，地铁站厅及各疏散通道两侧的防火卷帘会自动落下，使地铁客流从地下三层的站台开始，就有了不受干扰的垂直交通和水平疏散通道，让客流能

快捷安全地抵达基地外三侧的城市道路。机动车停车库位于地下三层，地下车库入口分别设于东南角的徐家汇路和西北角的瑞金二路上，并利用徐家汇路出入口组织了地下一层的货物运输和出租车流线及停靠站点。首层商业面向三侧城市道路均设过街楼直达商业广场以吸引八方来客。过街楼的入口处与垂直交通都有方便的衔接。中心广场起到了人流集散、上下联系和地下商业采光的作用。办公入口广场位于徐家汇路；公寓式办公入口从瑞金二路北端广场进入大堂，通过专用电梯直达六楼入口大厅。整组建筑形成了立体的、上下便利的交通流线。

《新楼盘》：在具体的设计中你们是如何把握城市的协调和建筑人性化的尺度关系的？

张继红：约30万 m² 的建筑规模，140余米的主体高度与周边环境的协调关系一直是建筑师所关心的问题。建成之后，心情由担忧转为释然。庞大综合体的四周三至五层高的裙房对应着不同宽度的城市道路；近200m的裙房长度以各种手法改变了它的体量。主体建筑的退界、形式、石材、色彩，与周边已有的建筑也十分协调，形成了一组形象突出整体性强又与环境和谐共存的建筑群体。

《新楼盘》：你们在地铁上盖的城市综合体设计方面有许多新技术和丰富的经验，以后是否会将重心放在类似项目设计上面？

张继红：上海第一个真正意义上的地铁上盖项目"日月光中心"在2010年10月终于建成投入使用了。在长达六年的设计、建设过程中我们积累了许多关于轨道交通站点、深基坑以及复杂商业建筑等多方面的设计经验和教训。

商业的生命力在于客流的集聚，而轨道交通大容量的运能在给人们提供便利交通的同时，也会给商业带来大量的消费客流，地铁已成为商业发展不可或缺的积极元素和地域经济发展的动力。

香港的地铁是世界上为数不多的盈利的地

铁公司，这与其与商业地产的合作开发模式密不可分。"日月光中心"正是借鉴了香港的成功经验而达到了政府和开发商双赢的目的。我们相信，未来这种政府和开发上合作开发的地铁上盖项目会越来越多。我们很愿意将在日月光中心积累的经验用于更多的类似建设项目中。

我公司正在进行的旭辉商业广场项目也属于地铁上盖项目，它是在已经建成使用的轨道交通上进行的商业开发，其难度在于新建建筑的建设、原有地铁设施的改造在施工过程不得影响已投入使用的轨道交通的正常运行。我们相信建成后的旭辉商业广场必将会成为杨浦区的又一商业亮点。

《新楼盘》：在致力于住宅设计领域的三十几年里，你们在保障性住房这一块也积累了不少的经验，目前有什么新的项目呢？能不能和我们分享一下你们的经验。

张继红：从上个世纪90年代的大型动迁房基地，到2005年市政府的经济适用房工程，再到目前的保障性住房建设，我们公司参与了其中很多的设计项目，并获得了多项上海市、建设部的勘察设计和规划的大奖。

目前我们公司参与的保障性住房项目包括松江泗泾新凯家园三期、浦东三林经适房基地、徐泾大型居住区经适房项目等项目。

保障性住房与一般商品住宅二者在居住功能保障、城市空间塑造、内部空间感受等诸多观念和设计手法都有着共同的要求，但由于入住群体和盈利模式的不同导致设计上存在着一定的差异，这种差异主要体现在对建筑造价和得房率的关注。而建筑高度、机动车停车方式的合理选择、核心筒的布局方式、建筑轮廓的规整以及合理的窗墙比都是控制造价的有效手段。

在保障性住房的设计中我们还倡导精细化设计和创新精神，鼓励功能复合和空间灵活可变，并通过节能、日照、通风以及成熟新技术的应用，以体现时代的发展和对低收入群体的关怀。

《新楼盘》：在你们的一些项目中非常注重节能和环保，比如上海的"鼎固大厦"项目所采用的呼吸式幕墙技术在制冷时最高可以节能60%,这些节能的设计会不会成为未来建筑设计的一种趋势呢？在这个方面你们会一直坚持下去吗？

张继红：节能、环保、可持续发展是当今社会的热点话题，也是我们当代建筑师所肩负的社会责任，绿色建筑必然是未来建筑设计的发展趋势。

众所周知，建筑现在是人类社会的主要能耗所在，它涵盖了整个建筑生命周期的全过程——设计、技术、材料、建造、运行以及拆除。建筑师要关心的是整个周期的资源消耗和资源使用效率。节能、环保的推广和应用不能落入单纯技术化的怪圈，新产品在生产和流通环节的资源消耗同样也应成为建筑师需关心的内容。

遵从节地的生态原则，同时关注对自然环境的尊重、保护和利用；遵从建筑物自身节能、环保的理念，同时关注适宜的、有针对性的成熟技术的应用并与建筑的完美结合是我们公司的生态建筑观。

目前我们的工作重点是：寻求机会将现有的成熟技术、产品和材料，结合工程与相关的科研单位和生产厂家一起进行系统的实践，以更好了解和熟悉这些技术的性能特点、成本及运行成本、投入和能效关系，积累绿色建筑整体设计的合作经验。

《新楼盘》：从2007年开始你们公司就利用BIM进行项目全生命周期和可持续化的设计实践，运用BIM设计能给建筑设计带来哪些作用呢？它最核心的意义在什么地方？

张继红：建筑工程是一项涉及多单位、多过程的协作产业，传统的工作方式无法保证相互间的紧密联系，建筑信息在不断流转中部分丢失，不同单位间的协作也存在隔阂，从而使整个行业的生产效率低、资源浪费。

BIM是英文建筑信息模型的缩写，它是以建筑全生命周期控制为目标，以平台的方式、以集成的方式对各专业的涉及协同、多角度对建筑可持续使用进行评估、以三维可视化的模型指导施工、以数据表单形式快速反映工程量的变化。

BIM其核心的意义在于实现设计与实施的充分沟通、降低施工的错漏碰缺、提高工程整体时效和控制成本、建筑运营管理整个建筑全生命周期的信息控制。

FACE AND TASTE FROM MEDITERRANEAN

富含地中海表情和味道
——无锡米兰·米兰

项目地点：江苏无锡市
开 发 商：无锡金科房地产开发有限公司
景观设计：香港阿特森景观规划设计有限公司
占地面积：67 111 m²

项目概况

无锡米兰·米兰位于江苏无锡新区金城路与锡士路交叉口东南侧，总占地面积为6.7万多平方米。项目地处无锡新区的核心位置，四周环形景观带成了为项目对外展示的重要界面。项目涵括商务风情花院洋房、商务风情高层、商务酒店式公寓、商务风情商业街等多元物业，容纳商务配套、商务办公、商务出行、商务生活四大体系，开启了24小时国际化商务体验。

规划布局

项目整体被市政道路分为东西两个地块，但依旧保持原有的空间结构——"一环、两轴、三带、六大主题院落"的格局。为实现无锡的"地中海居住梦想"，项目从规划建筑到景观氛围再回到室内空间均延续了地中海的韵味。项目定位为无锡市首座"商务公园"，综合居家、办公、出行等多种商务价值，是继城市CBD之后商务办公的一种全新发展模式，也将是无锡商务办公模式的一种新的突破。

建筑设计

建筑设计中形成的三大带状的半私密绿化带，是联系到每个私密院落的重要纽带。项目结合场地与建筑间的高差，营造以地中海色彩为主题的宅间院落。

白色混凝土线脚，材料同建筑
WHITE CONCRETE MOL-
DINGS, MATERIALS
MATCH TO ARCHITEC-
TURE.

西班牙风格陶罐，内植开花植物
SPANISH CERAMIC
BOWL, PLANTED WI-
TH FLOWER

SPANISH COLOUR,
TERRA COTTA
西班牙风格彩色陶砖

白色涂料，材料同建筑
FACE IN YELLOW PA-
INTED, MATCH TO
ARCHITECTURE.

DARK BROWN ART
STONE VENEER,
MATERIALS MATCH
TO ARCHITECHTURE
棕褐色文化石贴面，材料同建筑

墙体内嵌灯具，外罩铁艺雕花
BUILT-IN LA-
MPS, CARVED
DECORATION
IRON WORK

CULTURE STONE
文化石

IRON WORK BA-
LLUSTRADE
铁艺围栏

200X100X50 MM
DECORATIVE RED,
BRICK COPING
200X100X50MM
红砖压顶

BRICK STRUCTURE
WALL STUCCOWAL
FIN TO MATCH BLDG
涂料面层与
建筑涂料匹配

FEATURE LANDSCA-
DE LIGHT
特色景观灯

3400
2600
2100
300

7000   7000   7000
21000

ELEVATION
SCALE: 1:50

特色廊架
FEATURE
SPANISH
TRELLIS TO
MATCH
ARCHITECTURE

木格栅
TIMBER
LATTICE
LOOK
COLOR BROWN

特色景墙
SPANISH
PORTAL
FEIMAGE
TO MATCH
ARCHITECTURE

景观铁艺
DECORATIVE
TERRA-
COTTA POT
FE IMAGE

LANDSCAPE SECTION   泳池区域剖面图
SCALE   1:50

景观设计

项目景观依托一环，两轴，三带的设计。

一环：项目外展界面维护了市政道路的完整性，通过对城市道路噪音（声源，不同时段的强度，传播方向等）的测量与分析，以生态坡地合理搭配层次、丰富的绿化把城市对项目内部的影响降到最低，也保证项目内部的私密性。并将环状外展面局部优化设计，使之与项目隔路相望的体育公园形成呼应，同时有序地打开项目主要景观节点——主入口、会所以及商业带。在保证了城市界面视觉效果整体性的同时，也为城市的街道风景提供了美丽的风景线。

两轴：项目的主入口与会所广场作为通向项目内部的两大重要景观节点，也是两大轴线的起点，分别向项目组团内部延伸，并汇聚在组团内部的中心广场。

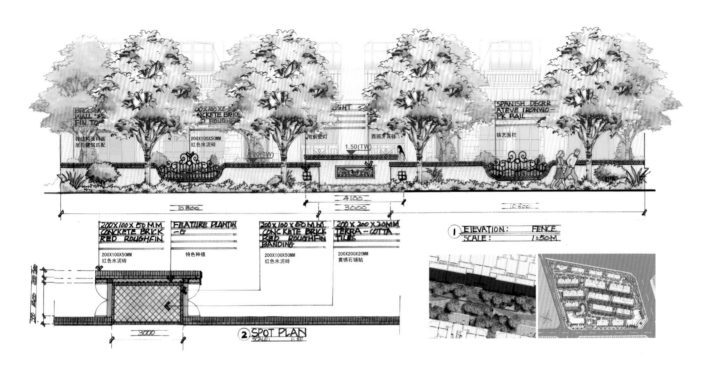

两大轴线构成项目前期展示的景观体验区，成为项目的主要景观亮点，同时将居住者由开放的城市空间过渡到项目内部半公共空间。

项目主入口以展示建筑门楼为主，把景观的重点移至内部空间，看似低调的大门内部设置了雕塑小品与茂密绿化形成的景观林荫大道，色彩斑斓的花卉带让居住者进入地中海的胜景。设计师把重要的景观精心的安排在项目的内部，项目的外围则更多地保留城市界面的序列，更少地去破坏城市界面的整体性与延续性。

会所前广场打破常规重装饰的景观元素叠加的手法，保留了古典园林对称的手法，预留出入口广场的集散空间。会所入口两侧还利用对称绿化生态的处理手法衬托出入口的庄严，轴线贯穿会所室内的大堂并延伸至泳池区域，形成一个整体。

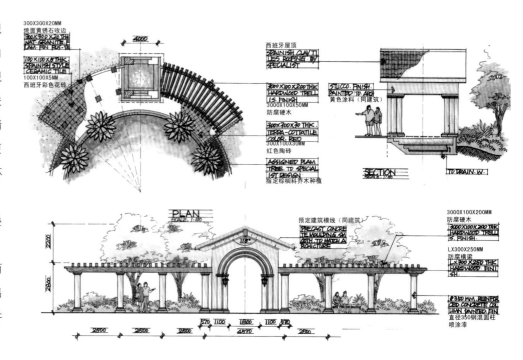

三带：建筑规划布局形成了三大带状的半私密绿化带，这正是联系到每个私密院落的重要纽带。设计根据每个绿带的特点，形成五彩斑斓的花带（充分的日照）；生态溪流水带（较大的绿地空间与住户主要的景观面）；曲径通幽景观带（空间狭窄转折较多）。三大景观绿带各有特色，紧扣浪漫地中海的主题，通过对地中海文化中民间最具特色的文化艺术定义三大绿带的主题。设计结合空间形态的变化，主题元素的区分以及特色的绿化配置让每个空间在大风格的统一下各有特点。

六大主题院落： 六个宅间院落以生态绿化为主，结合场地与建筑间的高差，营造以地中海色彩为主题的宅间院落。其主要以开花乔木与地被花卉为基调体现，同时结合不同色彩的表情营造属于每种表情的氛围——爱琴海之蓝、紫色普罗旺斯、白色米哈斯小镇、红色石榴花之恋、地中海田园绿、西西里的黄昏等六大主题院落。将地中海的特色表情植入每一个离居住者最近的院落。

项目景观设计依托一环，两轴，三带，六大院落的主要空间结构，尽可能地还原地中海的味道。"浪漫平静的大宅，不知不觉地奢华了。"设计师以地中海风格为设计的主基调，通过对场地与周边，建筑规划的细致分析，市场与外围环境的深度挖掘以及风土人情的深入了解后，展开的是项目的一体化景观设计。

THE HANGING PALACE OVER THE SEA

海天边上的空中宫殿
——深圳世纪海景洋畴湾

项目地点：深圳南澳镇
开 发 商：世纪海景实业发展(深圳)有限公司
景观设计：澳大利亚奥森环境景观（深圳）有限公司
占地面积：53 317 m²
建筑面积：49 408 m²
绿 化 率：33%

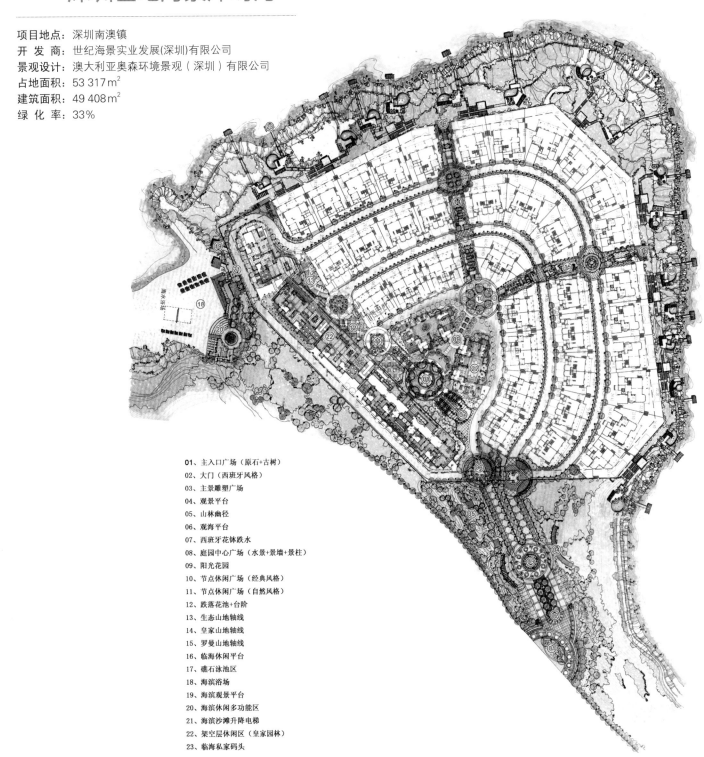

01、主入口广场（原石+古树）
02、大门（西班牙风格）
03、主景雕塑广场
04、观景平台
05、山林幽径
06、观海平台
07、西班牙花钵跌水
08、庭园中心广场（水景+景墙+景柱）
09、阳光花园
10、节点休闲广场（经典风格）
11、节点休闲广场（自然风格）
12、跌落花池+台阶
13、生态山地轴线
14、皇家山地轴线
15、罗曼山地轴线
16、临海休闲平台
17、礁石泳池区
18、海滨浴场
19、海滨观景平台
20、海滨休闲多功能区
21、海滨沙滩升降电梯
22、架空层休闲区（皇家园林）
23、临海私家码头

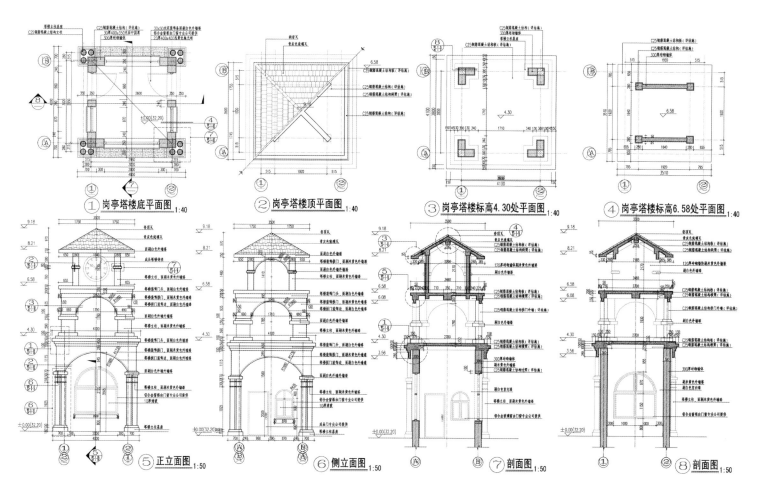

① 岗亭塔楼底平面图 1:40　　② 岗亭塔楼顶平面图 1:40　　③ 岗亭塔楼标高4.30处平面图 1:40　　④ 岗亭塔楼标高6.58处平面图 1:40

⑤ 正立面图 1:50　　⑥ 侧立面图 1:50　　⑦ 剖面图 1:50　　⑧ 剖面图 1:50

项目概况

洋畴湾位于中国深圳市南澳镇，拥有壮阔宜人的海景和秀丽叠嶂的山景，整个别墅区处于陡峭的山坡和大海之间，地势复杂。

规划布局

设计师将该别墅区命名为"空中宫殿"，景观和主要节点均采用对称的布局，形成对景。设计师为景观提供了精致的设计细节，给居住者营造一流的居住环境。在整体的设计理念中，每一处节点空间都有其独有的特色和象征意义。"空中宫殿"将给居住者理想的居住和度假环境，这仿佛是海和天的延伸。

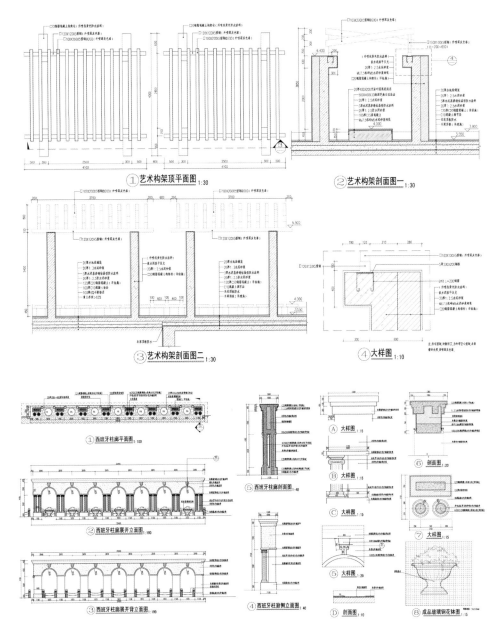

① 艺术构架顶平面图 1:30

② 艺术构架剖面图一 1:30

③ 艺术构架剖面图二 1:30

④ 大样图 1:10

① 西班牙柱廊平面图 1:100

② 西班牙柱廊展开立面图 1:100

③ 西班牙柱廊展开背立面图 1:100

④ 西班牙柱廊侧面图 1:40

⑤ 西班牙柱廊侧立面图 1:40

Ⓐ 大样图 1:15

Ⓑ 大样图 1:15

Ⓒ 大样图 1:15

⑥ 剖面图 1:15

Ⓓ 剖面图 1:10

⑤ 大样图 1:20

大样图 1:15

⑧ 成品玻璃钢花钵图 1:15

建筑设计

建筑设计紧围绕景观设计，建筑中很好地展现中海四季园林的特色：阶梯式豪宅布局融合经典的欧式风格与山海自然元素，将千米海岸景观、地中海四季园林完全渗入到各栋别墅的窗前庭后，喷泉水景、土陶花钵、高大乔木、原石、精雕细琢的拱门回廊檐线、罗马雕塑……这样的设计体现出与生俱来的贵族气息与地块自然原貌一脉相承，富丽浪漫、颇具仪仗感和异域度假风情，如镶嵌于山海之间的"空中宫殿"。除此外，项目还具有仅供业主使用的1.2万m²私人沙滩和1.5km的私家公路。

户型设计

项目是纯粹全景豪宅户型设计：山景、海景、高尔夫景观，户户饱览；阔绰大气的海景大平台庭院延伸至室外，1.2万m²社区私属滨海浴场，首层架空花园、挑高式双厅、西班牙Patio前后庭院、套内电梯等纯别墅空间，既可作为商务宴会的气派排场，也可成为度假大宅。户型主要有叠拼120~275m²，双拼243、265m²；独栋453~574m²。双拼地下室130~160m²；独栋地下室385m²。此外户型赠送面积可达1：1.25。

景观设计

由于项目所处地形复杂，因而设计师必须充分考虑地形，尤其是高差地形的处理。

挡土墙设计：为了对付原有地形中陡峭的山坡，设计师设计了应用挡土墙来稳固山坡，防止水土流失。针对挡土墙不美观的景观特点，设计师还着重处理设计了一系列挡土墙设计，使之成为一道引人入胜、经济耐用的风景线。挡土墙的形式根据地形实际情况的不同而变得多种多样，时而间断，时而连续。其中，设计不忘穿插绿化带，使其显得生机勃勃。挡土墙在颜色上同建筑物屋顶的色调相统一。随着时间的流逝，挡土墙上的植物会生长得更加生机勃勃，使之显得更自然，更生态，让居住者拥有更加接近自然的家居环境。而在材质方面，设计主要采用了石材或者浇筑混凝土。

根据原建筑的古典意大利风格，景观设计创造性地将新古典主义风格同生态环境景观融合在一起。设计概念着重应用了古典特征和小品元素来提高整个景观的设计。

主入口设计：主入口运用了富含古典美的水景墙和廊柱，再加上成排的棕榈树，显得既豪华又大气，并且给居住者来访者最热烈的欢迎。三个塔楼被设计成为具有古典风格的岗亭。穿过岗亭，映入眼帘的将是华美的叠水水景、树池中的棕榈树、装饰花钵和雕塑，使整个入口处显得非常丰富。

A-A剖面图

A-A 剖面图

中心广场设计： 入口中心广场上的圆形图案为中心广场的主景抛砖引玉。中心主景运用了雕塑水景，雕塑选用波塞冬（希腊神话中的海神），象征洋畈湾是海边的家园。这个区域还运用了精细的圆形图案铺装，环绕四周的装饰花钵，郁郁葱葱的绿色植物特别是本地植物和小树林使这个区域变得丰富而精彩。此外，设计师还利用自然坡度，设计的台地给中心广场增添了更为细致的景观。中心的水景则是象征了整个别墅区以水主要设计元素。在入口中心广场不远处的两边人们将会看到两个小广场，小广场的中心位置设计了罗马风格了图腾柱，给这个空间一个竖向的高度。

散步广场设计： 设计师还设计了半圆的木制观景散步广场，广场饰以灯柱和装饰花钵，从观景广场上俯瞰大海，感觉像置身于大海中的一叶帆舟，感受大海的波澜壮阔，温柔细润……小广场中心位置设计了罗马凯旋门，它象征着别墅区和大海亲密的关系。广场附近的水景也很有特色，从高处俯瞰下去，水池延伸拉长出去，水海一线，像是与大海连接起来了。

而连接节点空间和广场的是大台阶，其间装饰有花钵、藤架和绿意葱葱的植物，给居住者行走其间带来无限乐趣。

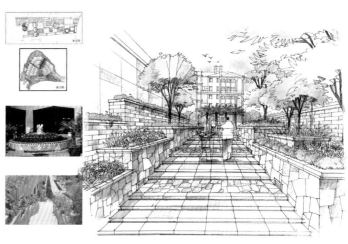

指定大树
（见参考图片）
BIG TREES
AS SPECIFIED
(SEE IMAGE)

人行入口
塔楼副楼
SOUTHERN
STRUCTURE
FOR PEDES
TRIAN ACC

指定雕塑
（见参考图片）
SCULPTURE
BY ARTIST/
SPECIALIST
(SEE IMAGE)

欧式风格入口塔楼
（与建筑相统一）
EUROPEAN
STYLE EN-
TRANCE TO
WER (TO MA
TCH ARCH.)

花岗岩叠水台阶
GRANITE
FINISH WA
TER CAS
CADE

铁艺大门黑色
喷漆（如图）
IRON RAI
LING PAIN
TED BLACK
(SEE IME

FEATURE MOUNDINES
特色微地形

ACCESS
入口
PA
植物区
GATE
大门
栏栅 RAILING
WATER CASCADE
叠水水景
TOWER
RAILING 栏栅
GATE
大门
PA
植物区
ACCESS
入口

ELEVATION 02
SCALE   1:100 MTS.
MAIN ENTRANCE GATE
主入口大门立面图

THE ROAD OF SOUL IN THE DANCING CITY

舞动城市的灵魂之路
——遂宁五彩滨江路

项目地点：遂宁河东新区
景观设计：加拿大毕路德国际建筑顾问有限公司
占地面积：70 000 m²
景观长度：1 400 m

项目概况

位于河东新区的五彩滨江路该段景观长1400m，占地面积约70 000m²，有生态体验区堤外滩涂及休闲运动区，其中生态体验区堤外滩涂占地面积约200 000m²；休闲运动区占地面积65 000m²，时尚商业区的堤外部分有约33 333.3m²的观音文化广场。此外还将打造通德大桥两侧50m景观带及临江路东侧20~23m景观带，带动周边地块建设。

项目寻求"水、人、城"交融的完美空间。五彩滨江路依涪江东岸滨水而居，北起涪江三桥以北，南至仁里组团最南。长6.5km，宽30~60m，占地面积近466 666.7m²。拥有近10万m²、多种风格、不同功能的营业性景观建筑。

项目在文化上体现"寻找观音圣水，体验至善至美"的文化境界。五彩滨江路、联盟河观音文化产业主题景观带和灵泉观音文化旅游区三大景观带在一起，让河东新区成为遂宁新的城市中心、休闲体验中心、购物旅游中心和滨水观光中心之一。一个集经济、旅游、生态、文化与品牌为一体的五彩滨江景观、生态走廊和一处具有品牌效应的购物圣地由此形成。另外，曾有人评价指出五彩滨江路凭借独特的、不可复制的区位优势，以国际化理念、国际化设计，将会引领遂宁乃至西部城市建设的潮流。

规划布局

设计师站在遂宁未来发展的高度，从文化、城市精神、城市品位等角度入手，从项目位置、基地特征、周边环境、旅游定位等进行精准定位，着重5个区域有机的结合、流畅的衔接。景观区域共分为运动休闲、城市海岸、时尚商业、绿色主题、怡情养生五大功能区。运动休闲区抓住大项目的打造，成为旅游的新景点。而城市海岸区标志塔等建筑物要更具艺术性、巧妙地融入了遂宁的文化符号。时尚商业区则把艺术性与商业氛围统一起来。

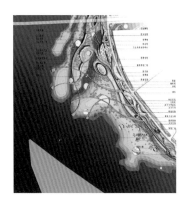
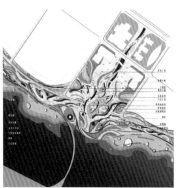
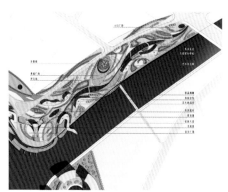
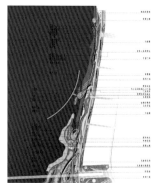

景观设计

在景观空间上，运动休闲、城市海岸、时尚商业、绿色主题、怡情养生五大功能区的景色分别有其特色。

1、运动休闲区：实现了五星级滨水景观造景。加拿列海藻、布迪椰子、剑麻等热带植物营造出南国热带风光的海滨。海滨广场、网球场、风筝广场、晨练广场，城市休闲公园、水上运动基地和大型露天海滨浴场三大景观等，共同构成了一道运动休闲和商业休闲的城市亮丽风景线。

2、城市海岸区：体现了人与自然的和谐共融。城市海岸区集成出自然湿地、野生动物栖息、生态体验等为一体的生态长廊。咖啡厅、西餐厅、高尔夫用品俱乐部等别具风情的高档商业建筑，隐约其间，生态自然与商业完美结合，实现了城市的可持续发展。

3、时尚商业区：是充满国际现代感、活力的经济新中心。商业，城市生存发展最重要的基础；商业，是城市活力的重要组成部分。时尚

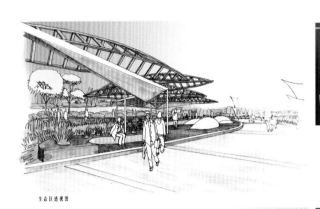

生态区透视图

生态区剖立面图

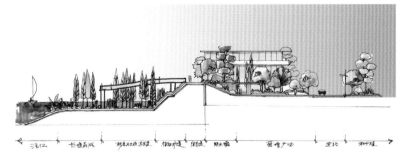

商业区里既有可举行大型节日庆典的圣水广场、标志塔、大型滨水观光平台、大型音乐喷泉等标志性建筑，更有集时尚购物、商业休闲、现代餐饮、风情酒吧、名店直销为一体的、富有生命力的现代多功能复合型城市商业消费中心。该区域位于景观带中部，与河东新城规划中的城区CBD紧密相连。该区结合城市原有商业产业基础，引入新的商业业态，形成了新的产业经济链，拉动了经济的健康发展。

4、绿色主题区： 被喻为花的海洋。合欢、黄花槐、杨桃、雪松、菩提、无忧树、龙爪槐、三角枫等上层植物，加上火棘、铺地柏、枸骨、

红瑞木及品种众多的月季、荷花、睡莲，主题区里，四季鲜花常开不败。除此以外，绿色主题区还通过动漫主题乐园、绿色食品等主题，加之商业和玫瑰爱情主题产业的开发，共同打造了一个体验绿色健康、快乐浪漫生活方式的理想场所。

5、怡情养生区：主题为文化与和谐共生。中国观音文化之乡是爱心和谐文化滋养之地，怡情养生区依托观音文化，设立文化展示中心、素斋坊、养心轩、圣水天堂、圣莲塔、莲花广场、祈福广场、许愿树、精品画廊街等，塑造一个现代化的集修身养性、朝圣祈福、沐浴更衣、斋戒素食、艺术欣赏、文化传播为一体的怡情养生中心，打造出遂宁的特色文化旅游，带动城市经济的腾飞。

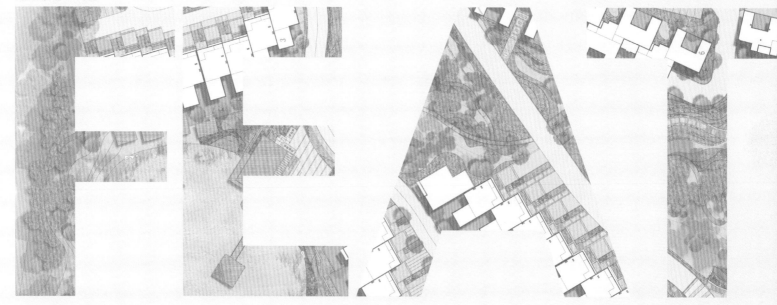

苏州名家 专题

招商地产

CHINA MERCHANTS PROPERTY DEVELOPMENT CO., LTD.

中旅集团

CTS GROUP

中腾地产

ZHONGTENG REAL ESTATE

锦和置业地产

KAM LAND CO., LTD.

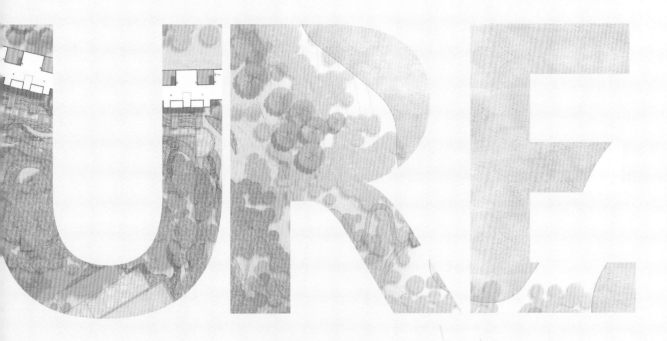

招商地产
CHINA MERCHANTS PROPERTY DEVELOPMENT CO., LTD.

企业概况

招商局地产控股股份有限公司（简称"招商地产"）于1984年在深圳成立，是香港招商局集团三大核心产业之一的地产业旗舰公司，也是中国最早的房地产公司之一，先后在深圳交易所、新加坡交易所挂牌上市。经过20多年的发展，招商地产已成为一家集开发、物业管理有机配合、物业品种齐全的房地产业集团，形成了以深圳为核心，以珠三角、长三角和环渤海经济带为重点经营区域的市场格局。

产品与服务

招商局地产（苏州）有限公司成立于2004年，现已在工业园区、吴中区和相城区三个区域共获得土地上千亩，并先后成立了苏州招商南山地产有限公司和苏州双湖房地产有限公司。依云水岸三期、吴中小石城项目和园区青剑湖等项目已略见成绩。

发展前景

截止2006年末，招商地产总股本达6.19亿股，总资产超过142亿元。分别在深圳、北京、上海、广州、天津、苏州、南京、重庆、漳州等多个大中城市拥有40多个大型房地产项目，累积开发面积超过800万m²。在20多年的实践中，招商地产总结出一套注重生态、强调可持续发展的"绿色地产"企业发展理念，并成功开创了国内的社区综合开发模式。在中国房地产上市公司综合实力排名中，招商地产自2002~2007年连续跻身TOP10十强，并以13.22亿的品牌价值荣登2005中国房地产品牌价值第四位；2004、2005、2006、2007年度蝉联18家中国蓝筹地产企业称号；连续五年在深圳市房地产企业综合排名中名列前三；是国资委重点扶持的5家房地产企业之一，并因旗下租赁、供电、供水等业务所带来的丰厚经常性利润，被誉为"最具抗风险能力的开发商"之一，此外，招商地产还曾荣获中国十佳行业雇主、中国最佳企业公民等称号。

中旅集团
CTS GROUP

企业概况

中国港中旅集团公司是香港中旅（集团）有限公司(以下简称：港中旅集团)的母公司，港中旅集团创立于1928年4月，是香港四大驻港中资企业之一。港中旅集团发展成为以旅游为主业，以实业投资（钢铁）、房地产、物流贸易为支柱产业的海内外知名大型企业集团，是国务院国资委直接管理的国有重要骨干企业。截至2007年底，集团总资产为370亿元人民币，共有员工4万人。

港中旅集团控股的香港中旅国际投资有限公司是集团发展旅游主业的上市公司，经营集团在内地、香港、海外的地面旅行社、网上旅行社以及酒店、景区、度假区、高尔夫、客运等旅游相关业务。其旗下拥有香港中国旅行社有限公司、深圳世界之窗有限公司、深圳锦绣中华发展有限公司、香港中旅维景国际酒店管理有限公司等一批在业界影响广泛、声誉良好的著名企业。

产品和服务

经国务院批准，自2007年6月22日起，中国中旅集团正式并入港中旅集团。两大集团的合并重组，进一步延伸了港中旅集团的旅游产业链条。

港中旅集团在河北唐山投资控股的唐山国丰钢铁有限公司，年产750万吨钢、720万吨铁、580万吨轧材，是中国最大的热轧带钢生产商。在陕西投资控股的渭河发电有限公司是西北地区大型火力发电厂之一。集团致力于开发旅游绿色房地产项目，先后在深圳、上海、苏州和浔阳等地成功开发了旅游房地产项目，在深圳开发的"港中旅国际公馆"项目，荣获国家建设部"AAA住宅小区"。集团传统的物流贸易业务，近年来取得不断发展，由铁路、仓储扩大到空运、海运。属下的上海华贸国际在中国国际货运代理百强榜上名列第9位。

中腾地产
ZHONGTENG REAL ESTATE

企业概况

苏州太湖中腾房地产发展有限公司创建于1993年，是一家拥有注册资金1亿元人民币的大型房地产企业，具有国家3级房地产开发资质等级。公司经营范围包括：房地产开发、经营和销售；房地产相关咨询；物业管理；酒店和度假村的建设、经营、管理。公司地处苏州太湖国家旅游度假区内，在吴中区是首屈一指的私营企业，也是苏州太湖度假区注册资本最高的民营建筑企业。

产品和服务

公司力求打造高端楼盘，首期开发的"太湖高尔夫山庄"项目，总占地约283 333.3m²，其融合了周边开发的高尔夫球场、商务休闲度假酒店、水上游艇俱乐部、西山风景度假区和当地的人文环境，为商务精英人士提供一个集度假、休闲娱乐和商务于一体的国际化的顶级社区和平台。山庄通过壮阔规划，以艺术法则，演绎新亚洲风格建筑的围合空间，重现吴风越韵下的颐居境界。太湖高尔夫山庄，超凡的空间尺度，超大的私家花园及别具匠心的地下庭园设计，营造出令人向往的上层生活空间。山庄精心汲取传统园林设计理念，以水为脉络，划分洲岛园林格局，形成"大园林，小山水"的景观效果，全面提高了别墅对自然环境的亲和性，形成了绝佳的人居环境。苏州太湖高尔夫山庄，2006荣膺中国房地产业协会评选的"中国十大传世别墅"的殊荣，产品与服务已成为太湖高尔夫山庄取得瞩目成就的核心支撑点。

锦和置业地产

KAM LAND CO., LTD.

企业概况

苏州锦和置业有限公司是一家中外合资的房地产开发公司。公司目前在苏州越溪副中心已投资拍卖获得多块土地，开发住宅和商业项目。

企业理念

锦和置业的开发理念：造你想要的房子，我们一直在努力；组织原则：组织社会资源，创造市场价值；核心竞争力：高效组织社会资源，创造市场价值的能力；标志："KENHO 锦和"——做有思想的企业。

产品与服务

锦和置业苏州项目调研报告锦和置业的相关资料具有香港的注册背景，其主要项目有锦和加州和水岸清华等项目。

锦和加州：地中海风格，集商业居住为一体的项目，位于苏州市吴中经济开放区越湖路1111号。

水岸清华：集与时俱进的中式风格，邻里与私密共存的新街院别墅和32层高层建筑、商业项目为一体的综合项目，位于苏州市吴中经济开发区越湖路199号。

其他项目：苏地2006-G-10地块，属于纯商业项目；苏地2005-G-78地块，亦是纯商业项目。

其中锦和加州已经开发了两期，后续三期推案量有限，仅7 2套；水岸清华为别墅项目。

这两个项目位于越溪板块。锦和加州具体在吴中经济开发区越溪镇溪翔路东侧，北邻越湖路。项目物业类别为普通住宅和商铺，主推多层、小高层的花园洋房。水岸清华东靠友新高架，北临越湖路，主推别墅与高层。

选择越溪的理由：当地个私经济比较活跃，当地居民经济条件、生活水平提高较快。分析随着苏州经济整体的快速发展，必然会带动城郊板块的开发与发展。越溪经济发展虽然面临一些旧城拆迁改造等问题，但经济发展的方向有利于房地产市场的发展，随着经济发展和各种人才的涌入，商铺及住宅的刚性需求会进一步增加。

城市规划及基础设施建设分析规划：根据整体规划，越溪副中心将东至西塘河，南至苏州市绕城高速公路，西至龙翔路，北至越湖路，总用地面积约10 030 000 m^2，由越溪老镇区、核心区和扩展区三部分组成，其中居住用地占总用地规模的48.2%，建成后整个片区人口将由现在的2.3万发展至12万。在苏州15年远期规划中，越溪片区是围绕都市双核心的五大特色片区之一，将在3~5年内规划并建设成为苏州大都市圈西南城市副中心，配套设施逐步完善。

THE NEW ASIAN STYLE OF SYMBIOTIC WATER AND MOUNTAIN

山水共生的新亚洲风格
——苏州太湖高尔夫山庄

项目地点：苏州太湖区
开 发 商：苏州太湖中腾房地产发展有限公司
规划/建筑设计：奥兰archland
景观设计：ECOLAND易兰
占地面积：283 475 m²
建筑面积：63 569 m²

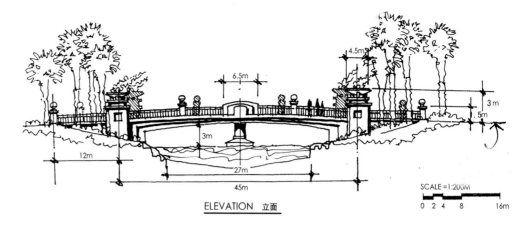

ELEVATION 立面

SCALE =1:200M
0 2 4 8   16m

项目概况

苏州太湖高尔夫山庄位于苏州市西部太湖国家旅游度假区内，包含全国排名前五位的18洞高尔夫球场、会所及独栋别墅。项目四周道路四通八达，湖滨路、沪宁高速、绕城高速、沪苏高速、苏嘉杭等构成了方便快捷的立体交通网络。驱车15分钟可到达木渎古镇，30分钟到达苏州市区，1小时左右到达上海，交通方便。

太湖高尔夫山庄别墅区总占地面积为约28万m²。其中一期占地约6万m²，容积率仅为0.22。一期建36席独栋别墅，共计11种户型，平均每户占地约2 000m²。太湖高尔夫山庄二期规划62席独栋新亚洲风格别墅，共有8个户型可供选择。

规划布局

设计提倡自然不留痕迹的设计手法，将自然地形和高尔夫球场以及太湖实地景观相结合，在规划中突出"山水共生"的特色，将环境、建筑和景观完美协调，在场地内充分实现景观与高尔夫的交融共生。设计者利用对地形、地貌、水系的营造，追求更加灵活、人性化的布局，确保私密性、可达性。

另外项目采用的"洲岛"布局，诠释了上层格调的太湖高尔夫山庄融纯朴的传统、流畅的现代风格，设计在历史人文濡染的土地之上创建新亚洲的风格别墅，在太湖自然原生水域的滋养中迎合了现代东方阶层的精神归属。

建筑设计

建筑设计采用具有苏州文化地域特色的"新亚洲"风格，以苏州地区特色的传统文化为根基，融入现代西方文化精神。设计在功能上进行了改良，使其更加适合现代人的生活方式。设计中运用错层加复式的空间组织，挑高的共享大厅，给人通透仰视感，错层、上跃、下沉空间界定出不同使用功能；建筑视线通透，层次感丰富，空间富于流动性；步出式地下室结合小区水系及下沉庭院形成亲水景观。一层私家院落景观、建筑外廊，室内空间层层递进，空间可分可和，感受私密休闲的生活气氛。二层空中露台绿化景观，远眺小区高尔夫景观及自然风景。多层次景观立体交差，相互借景，互为依托。

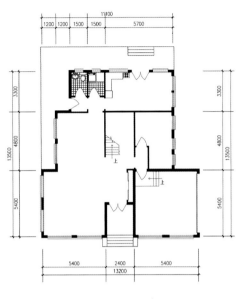

首层平面163.9m²

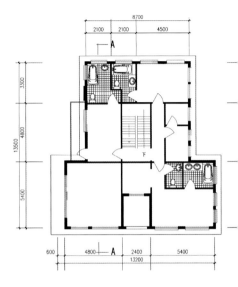

首层平面133.2m²

户型设计

项目拥有530~770m²超大尺度恢弘空间，加上0.23的超低综合容积率，双车库设计，超大观景平台，使其塑造出舒适的人居空间。

景观设计

设计师运用"大景观"设计理念,力求打造质朴、自然的"休闲社区"。景观设计表现出时空序列,从起点高潮(东入口空间)→承继→中间高潮(轻松活跃的社区主路)→延续→终点高潮(通往高尔夫球场的景观走廊)。序列中的高潮点也是景观节点及景观界面,景观元素相对集中于此,在设计上重点加以强化,以使整体序列的关系更加明确,由此增强景观的可认知度。

项目以东方神韵、依稀中国古典园林意境与现代住宅建筑相融合,导入"洲岛"式大园林大景观的规划结构概念,以水为脉络,把地块划分为一片一片的洲岛,通过岛与岛、水与岛、水与水相关交错的空间关系,形成一定的拓朴关形态,而相对应的洲岛划分,也自然形成不同别墅区单元,达致"涉门成趣,得景随形"的效果。

设计师还擅于营造昔日中式的庭院生活,其用现代手法演绎传统中式建筑的空间围合,构筑厅见山水的景观融合。院落空间既回避了户与户干扰,亦增加了空间层次感,创造出丰富宜人的生活环境。

步出式庭院的设计成为二期别墅最值得称道的地方。以高尔夫为核心的景观规划是二期的另一亮点,近处的潺潺溪水、远处的GOLF绿茵和碧波太湖,相互融合同时相互补充,为每套别墅勾勒出独特的风景长卷。

COURTYARD AFFECTION IN GARDEN VILLA

花园别墅再现院落情结
——苏州招商依云水岸二、三期

项目地点：苏州相城区
开 发 商：招商局地产（苏州）有限公司
建筑设计：华森建筑与工程设计顾问有限公司
占地面积：220 000 m²
建筑面积：83 800 m²

项目概况

招商依云水岸项目总占地22万m²，位于苏州市相城区阳澄湖东路，与18洞中兴高尔夫球场一路之隔，东南面与约2 533 333.3m²的阳澄湖相望，西北角天然小河静静流过，环境优美宁静。项目有大润发、相城体育中心、会展中心、四星级酒店等完善的配套，是阳澄湖畔、高尔夫旁、市区最大纯净TownHouse花园别墅社区。

建筑与户型设计

项目以创新电梯别墅、联排别墅、叠加别墅为主，首创苏州"合院house"，重塑现代邻里院落居住情结。

建筑设计为一宅四院，所有房型南北通透，所有房间南向采光，户型开间大，通风采光极佳，这正是吃透历代苏州人对居住物业的追求思考所得。在一些细微末处也作了很深入的思考：如下沉式卫生间，减少上下层流水噪音，一旦管道维修，不至影响下层单元；老人房配有独立洗手间；为了确保小区安全采用视频联网功能，实现业主、客人、保安三方通话；在电气设计中，对每个空间的强、弱电插座的布置，有线电视的外线接入口，电话线的配置，家庭局域网，可视对讲系统，为老人房设有的紧急求助按钮等，其都体现了对物业使用人的"人性关怀"。

规划布局

项目分三期建设，其中二期包括多层住宅、别墅及配套会所和幼儿园，用地的东南角以水系与四周的建筑隔开，整个建筑群在小区内既自成一体又与其他建筑联系紧密。三期有一个L型的水系贯穿其中，是一期商业发展的回顾，总的来说，设计从苏州的园林产生灵感，并将它融入到建筑中来。

在建筑规划设计中，项目充分体现了"空间创造"的理念，在苏州传统庭院风格的基础上融入了现代西方的居住方式；在强调确保物业的私密性的同时，实现和谐的公共空间；在突出江南特有的黑、白、灰色外立面造型时注重采用现代建筑的材料，提升了产品的品质。

二期延续一期大面宽、中庭采光、一宅四院等设计精髓，并首创下沉式花园，其最大赠送面积近300m²。依云水岸二期以联排别墅为主，并有少量叠加House，容积率为0.77，面积为175~320m²。三期是区别于一、二期所不同的一个独特产品，也是苏州地区首创，面积在172~321m²之间，以联排、电梯别墅为主，并有少量叠加户型。

项目借鉴于欧美流行成熟的独立式叠加住宅改良而来，糅合别墅与洋房的优点，电梯入住，五层三户，空间独立，下层住户拥有宽敞入户花园，上层住户拥有宽景露台，形成别墅稀有的人居氛围。

景观设计

招商依云水岸十分重视生态环境的营造，整个社区以T型人工水系为景观主线，将村落园林、都市公园和中央公园用中心水道自然融合，树丛、花圃、流水、步道等自然融合让物业使用者充分感受融入园林的品味。在绿色景观上，项目突出了层次感，首层为常绿乔木，次层为灌木，在灌木与乔木间点缀花草，满眼葱绿修长的紫竹，使人品味无尽。

总的来说，设计景观非常的简单，是根据苏州园林的特色来进行建造的，设计师在苏州也发现一些人群密集的商业区，将苏州园林的景观元素融入到建设风格中来，一个以组团式花园中心为主题的住宅小区因此形成。

"TRAVELLING" IN FRANCE

彷如"旅行"法兰西

——苏州中旅蓝岸国际

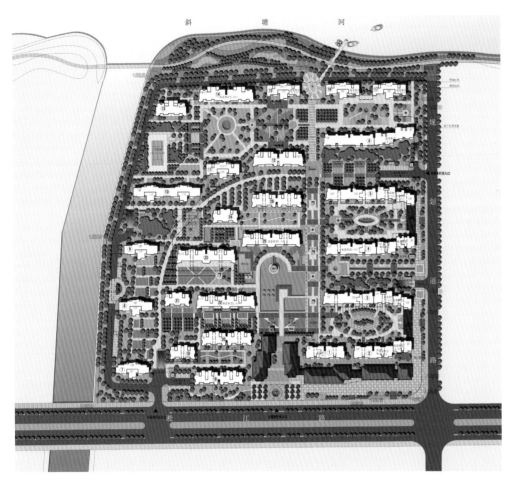

项目地点：苏州工业园区
开 发 商：香港中旅（集团）有限公司
建筑设计：中建国际（深圳）设计顾问有限公司
占地面积：100 000 m²
建筑面积：194 000 m²

项目概况

苏州中旅"蓝岸国际"（即苏州151地块）居住小区坐落于苏州工业园区内，总建筑面积约20万m²，总占地9万多平方米，综合容积率为1.6。"蓝岸国际"居住小区除了有高层公寓、小高层公寓、多层公寓和联排别墅组成的住宅空间以外，还有会所和沿街商业等公共空间，为居民提供了便利的生活服务。小区两面临河，地理环境优越，开发规模适中。

规划布局

该项目的整体设计以"法兰西印象"为

主题构思，一方面源自对苏州的法国友好城市格勒诺布尔市
（GRENOBLE）的研究，另一方面是考虑"香港中旅"企业名称所
应传达的一种意向，既然是"旅"，印象中就会对应一处异域的风
景。设计师通过精心的设计，将这个主题物化为苏州工业园区一个
滨水居住小区。从设计成果看，设计师在城市规划管理和业主开发
意图之间取得了平衡，客观分析了地块整体和局部应有的价值，为
居住、交通、游憩及公共服务配套等诸系统设定了合理的配置。

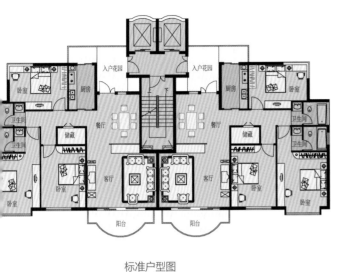

标准户型图

建筑设计

项目注重法式浪漫的建筑风格，以现代的建筑语言，塑造高雅的人文居住环境。使居住者情感回归宁静与自然，同时彰显建筑的时尚感。完整和谐的整体格局与精心设计的建筑细节充分体现居住建筑在走向理性的同时，又注重对人文的全面关怀。

高层花园洋房设计充分利用观光电梯、入户花园、转角窗及阳台将水景与绿化景观引入住户生活，小高层电梯及多层公寓成C形组合，创造出具有强烈围合感和归属感的组团庭院空间。

建筑造型采用法式孟莎坡屋顶结合平屋面的设计手法，应用高雅文化气息的设计元素，简洁现代、色彩宜人。坡屋顶、框架、飘窗等立面元素的合理应用创造了丰富的立面效果，勾勒出高低错落、优美的天际线，营造住户对家的认同感，使建筑与环境融为一体，形成新颖、明快的法国群体风格。

户型设计

建造6幢小高层、11幢高层、9幢带电梯多层以及3幢商业配套房，主要户型有两房、三房及四房，面积范围在90~156m²之间。

景观设计

中旅·蓝岸国际位于斜塘河畔，北部环抱滨河公园，属于典型的双河水系亲水住宅小区，周围富有良好的生态环境，葱郁的绿色点缀其间。整个小区的绿化率达到50%以上，并配有中央景观带。项目按照公园式的布局，围绕水为主题，配上丰富的乔木、灌木、常绿等植物，形成立体的整体景观。项目采用"东南亚水景园林"规划设计，很好地保持了景观的均衡性。高层享受小区大景观、饱览全景；小高层采用围合式园林、尽览公共景观；而花园洋房独享中央景观带、全览精华美景。

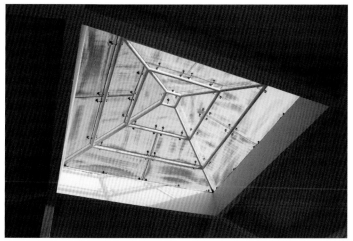

LEAD A MEDITERRANEAN STYLE LIFE

像地中海那样生活
—— 苏州锦和加州花园

项目地点：江苏苏州市
开 发 商：苏州锦和置业有限公司
建筑设计：上海三益建筑设计有限公司
占地面积：69 386 m²

红瓦白墙、淳朴的色彩、回廊、穿堂、过道，利用风道的原理增加对流，形成类似穿堂风的被动式降温效果……这就是地中海建筑给人的第一印象。

位于苏州吴中区越溪镇的苏州锦和加州花园，就是这么一个地中海风格的建筑项目，基地北侧为杨树浜路，西侧为溪翔路，南侧为吴山街，东侧为敬老院路。项目包括了多层、小高层、酒店式公寓、商业中心等多种建筑类型。

阳光、木构架、钟塔、楼梯塔、连廊，苏州锦和加州花园用一种阳光、暖色、热烈而又沉稳的基调，营造了一套完整的地中海风情生活氛围。

建筑风格

地中海建筑风格，又称西班牙、南加州休闲建筑风格，原指沿欧洲地中海北岸一线的建筑，特别是西班牙、葡萄牙、法国、意大利、希腊这些国家南部沿海地区的住宅。后来殖民者把这种建筑风格带到美洲，在气候类似地中海的加利福尼亚得到了继承和发展，融入了托斯卡纳、卡塔罗尼亚、普洛旺斯等南欧其它地区的特点，逐渐成为美国时尚名宅的主流。之后，这种风格更传到佛罗里达、夏威夷等地区，成为一种豪宅符号。

苏州锦和加州花园的建筑类型包括了多层、小高层、酒店式公寓和商业中心，其中住宅和小高层运用了较为纯正的地中海风格，整个立面是暖色、明快的，更充分利用了红顶、抹灰水泥白墙、木质构架、铸铁栏杆和花饰等地中海风格建筑特有的基本特征元素。

项目中的商业的建筑，风格和住宅略有不同。虽同为地中海风格，但商业因为其功能特质，在色调方面会比住宅热烈，在开窗等比例尺度方面会比住宅大。因此商业的立面更偏向于南加州风格，阳光的、暖色的、热烈而又沉稳。

自家景观房

"地中海风格"的锦和加州花园实现了"自家景观房"的独特体验。

在传统的地中海建筑中，增加海景欣赏点的长度是一种常见的手法。在锦和加州花园，多层洋房、小高层住宅、公寓，三种居住形态都各自在景观方面做了很独到的安

排。

先说多层洋房。多层洋房在主干道内侧，围合出宜人的中心景观。洋房分为六层，1~6层层层退台。

一层为四房两厅两卫，有入户的院子和极具特色的阳光室；二层通过室外楼梯进入，有入户花园；每层都有退台和宜人的室外景观空间；到六层时，退台成紧凑的两房两厅一卫，结合大露台的设置，使每一套房型都舒适实用。

小高层和单身公寓临近西侧，与溪翔路的商业相结合，形成丰富的天际线。小高层住宅结合西侧的商业布置，3幢11层。

板式公寓全部朝南，在北侧与休闲商业结合，为外廊式布局，一层20户。结合北侧的商业布置，1~3层为商业，4~9层（部分10层）为公寓，层高4.80m，可以设置夹层拓展公寓的生活空间。

小区主入口在东侧，结合入口广场形成东西向景观带，与小区中部的南北向景观带交汇在一起，形成丰富的小区中心景观。

沐浴阳光般购物

值得一提的是，苏州锦和加州花园的景观与建筑有机结合，在南加州风格色彩浓烈的商业建筑设计中，提供了一种形态饱满的商业环境。

通过巧妙的设计，将人流以步道的形式引入商业内街和广场，让人们在自由穿梭的同时，饱览各家商铺所带来的不同感受。

再说商业建筑部分。商业的面宽和进深，均按照中小型店铺的尺度控制。二层通过室外楼梯、平台和连廊，将商业连接在一起，使人流可以自由地穿行。每个商铺单元的二层、三层为一个整体，室内有楼梯联系。

NEIGHBORHOOD AT EASE

邻里概念带来的自在
—— 南京金地自在城3、4地块

项目地点：江苏省南京市板东路
开 发 商：金地集团南京公司
建筑设计：深圳市华域普风设计有限公司
占地面积：142 500 m²
总建筑面积：164 525 m²
容 积 率：1.31
绿 化 率：35%

项目概况

金地自在城位于南京城南板桥新城，紧邻866 666.7m²奥南体育公园，是一个集居住、休闲、运动、教育、养生、商业为一体的大型综合型社区。距离南京市中心新街口约21 000m，车程约25~30分钟；距离奥体中心约10 000m，车程约10分钟；规划地铁8号线及5大快速公交枢纽快速至南京主城区。

规划理念

金地自在城板桥项目规划理念融合了"新城市主义"与"新休闲主义"理念，作为"建于大湖之上的百万城邦"，南京自在城充分尊重土地属性和自然肌理，通过流畅的线条，丰富的城市界面，创造了自在的、休闲的新城市生活、开放的国际街区形态和混搭相融的物业类型。其打破了传统封闭的都市状态，以开放、沟通、生长、包容为最大特色。大开放，小围合，在引导组团与外界交流的同时注重业主在

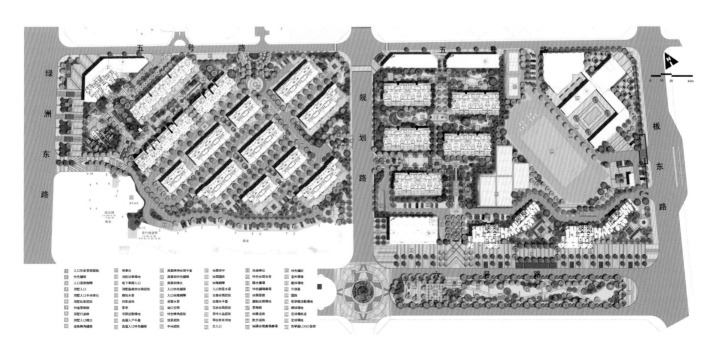

安全性与私密性方面的需求。

邻里中心的概念，邻里中心概念源于新加坡的新型社区服务概念，其实质是集合了多种生活服务设施的综合性市场。邻里中心主要特征就是集中化和集约化，建立了企业化、网络化、规范化的新型社区商业模式，其改变了传统社区服务业"小而散"的局限，有别于沿街为市的传统社区商业模式，将这些商铺集中到住宅区中心，既解决了沿街商铺特别是餐饮娱乐场所与居民住宅的矛盾，也可以给市民提供更大的便利。

金地自在城3号，4号地块总占地14.25万m²，总建17.08万m²，规划有住宅、学校、商业等不同配套功能，其中住宅面积10.26万m²，包括4栋25～28层高层，8栋6层的花园洋房及11栋3层Townhouse；商业面积2.26万m²；学校面积1.2万m²，物业类型丰富多样。

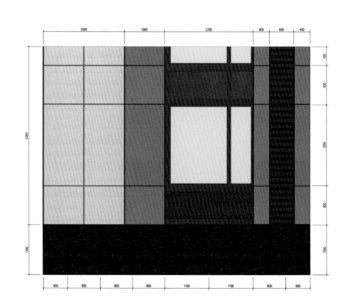

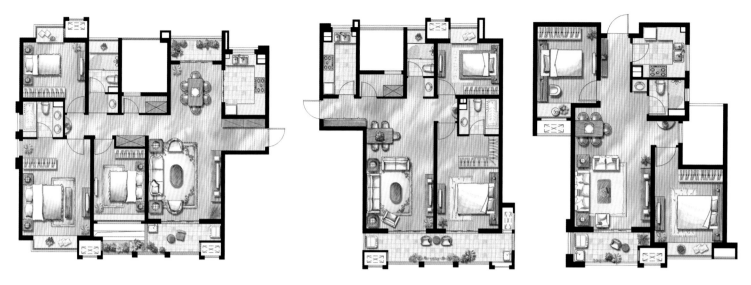

B2-1三室两厅两卫（约143m²）　　　　B2-2两室两厅两卫（约110m²）　　　　B2-3两室两厅一卫（约83m²）

规划设计

地块规划延续社区总体规划构思，深入发展、营造东西向社区生活主轴，并由该主轴衍生、组织 3、4号地块公共空间序列及流线设计，形成地块独立完整的系统。

功能规划，3号地块的组团形态注重与已建成的会所及商业街相呼应，4号地块结合小区人行主入口规划，布置相应的社区配套设施，进一步增加生活街区的活力。内部流线组织结合各功能分区管理原则，地库出入口紧邻社区入口，将地面机动车对社区生活的影响减到最小。

项目营造追求纯粹和静谧的社区生活氛围，实现了"居住在自在之城、居住在漫游之城、居住在庭院里、生活在街区中"的生活理念。

建筑设计

建筑设计传承自在城产品系列特质。Townhouse 借鉴早期现代主义造型手法，结合体块层次穿插、构成，形成简洁、大方典雅的立面风格；单体立面考虑总规合关系，端头单元差异化处理，丰富群体立面节奏；区别于传统Townhouse立面单一重复的做法，追求单栋大宅形象。高层建筑设计同样传承自在城产品系列特质。建筑遵循风格的整体协调；以稳重暖色调修饰；借鉴新古典主义的建筑形式和美学语言，抽象出古典元素、符号融入建筑，造型结合高层的体量，强调竖向，对建筑造型重点部位（顶部、门头、柱式、线脚）推敲，形成简洁、大方典雅的立面风格；使得古典的雅致与现代的简约大气得到完美体现。

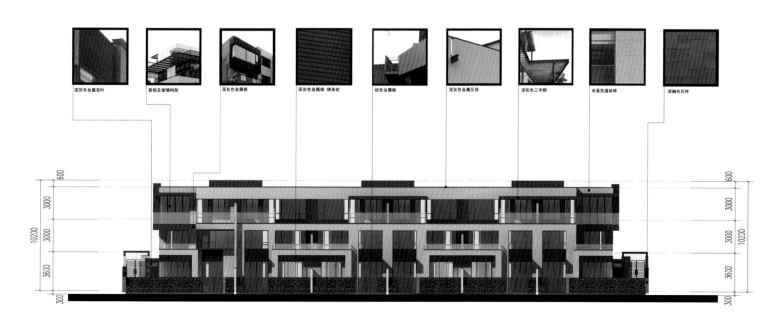

深灰色金属百叶　　窗框及玻璃构架　　深灰色金属板　　深灰色金属板 横条纹　　棕色金属板　　深灰色金属压顶　　深灰色工字钢　　米黄色通体砖　　深咖色石材

WATERSCAPES EVERYWHERE

水景穿梭每一个角落
——东海港丽豪园

项目地点：深圳福田区
开 发 商：港丽实业（深圳）有限公司
建筑设计：深圳东海房地产开发有限公司
设计人员：陈怡姝、马自强
占地面积：17 500 m²
建筑面积：67 700 m²
容 积 率：2.82

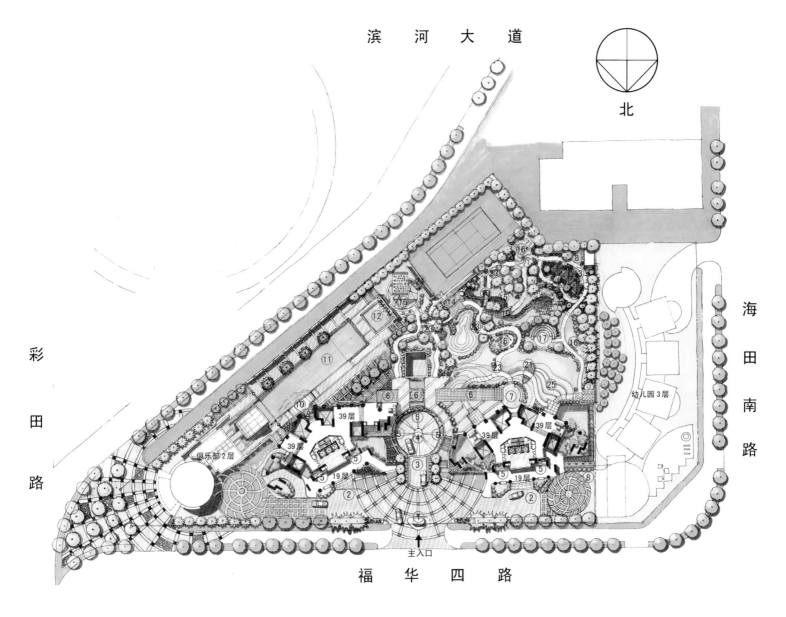

滨 河 大 道

北

彩 田 路

海 田 南 路

福 华 四 路

主入口

幼儿园 3层

俱乐部 2层

39层 39层 39层

19层 19层

项目概况

港丽豪园位于深圳市福田区的东南端，南临滨河大道，东隔彩田路与对面的联合广场，与青年大厦商用办公楼区相望。小区交通便利，环境优美，有便捷的商业、办公及学校设施，是理想的居住场所。项目雄踞中心区优质住宅地段，务求打造柔和舒畅、优美和多样化的城市空间，成为中心区的点缀。

规划布局

项目在不规则的狭长用地上充分考虑景观、朝向、噪音等综合影响，创造出以水为主题的庭院景观及丰富的空间形式。主体建筑为两栋39层塔楼，每栋塔楼的三各面采用不同高度错落排列，有80％以上的住户朝南，并尽量避开西晒。形成丰富的城市空间和变化的建筑天际轮廓线。

建筑设计

建筑的造型设计采用了21世纪现代风格的建筑设计手法，从而体现高尚住宅的高贵典雅。项目根据家庭私密性空间和起居室空间的组织结合建筑造型及材料的时代特点，创造了玻璃幕墙与建筑墙体虚实相称的造型效果，横向挑板使整个建筑显得轻盈飘逸；流水线型的建筑平面使整个建筑群体活泼明快，格调清新。

半开敞式的停车场设计，与内庭院花园空间采用高差变化的处理办法将空间相分隔，避免了对居民自由使用的中央庭院空间的交通干扰。

户型设计

主要户型面积为60~295m²不等。

景观设计

港丽豪园绿化率高达60%，其低密度的建筑设计配以各式流水及绿化园林美景，分间有序地穿梭于区内每一个角落，直达空中花园。

位于小区中央的大型庭院景观，以水景为主题，并结合绿化、植物、景观、音乐水景、铺地、亭子等景观设施，在为居民直接提供环境的享受的同时，创造出开敞的户外活动空间。

港丽豪园的平台花园设有亲子广场、音乐喷泉、水雾小溪等精致水景，另外还种植了多种珍贵植物，如加拿列海枣、中东海枣、龙血树、树榄仁等，让人耳目一新，令业主仿佛置身于大自然中是设计的目标。

项目还将精雕细琢的建筑美学与细意铺陈的庭院艺术合二为一。水景、园林穿梭建筑物之间的设计别致，为住户精心缔造了一个舒适温馨的生活空间。

黄志达（Ricky Wong），出生于香港知名家具世家。自香港理工大学室内设计专业毕业后，他又选择了美国威斯康辛国际大学建筑学继续深造。1996年黄志达先生在香港创立了自己的公司，1998年黄志达先生在深圳成立分公司。

黄志达先生创作的作品有商业中心、酒店、高档会所、餐饮娱乐空间，也有不少名门望族的私人豪宅，项目范围遍布香港、北京、上海、广州、深圳、杭州、西安以及东南亚等二十多个城市。这些成功之作为他赢得了国际室内设计、APIDA Awards、亚洲最具影响力设计等众多的国内外大奖。

这是一套楼高四层的居所，在设计上用混搭的方式体现了简洁、自然的风格，白色和米色作为主色调，营造出了现代、欧式的典雅氛围，同时提炼出东方经典元素作为点缀，而木材质的运用又表达了主人所向往的美式乡村的朴质与悠闲。

地下一层是娱乐休闲的区域，到影音室去，可以邀上三五朋友欣赏歌剧或是在小巧的吧台上品酒聊天。深灰色几何图案的墙纸，平添了几分现代感，黑白色调的水滴地毯也与空间中的沙发和摆件不经意间有一种默契的呼应。在用玻璃作为隔断的私人酒窖里，是男主人精心收藏的各种名酒。这一层的另一个区域，是一个非常休

STYLE OF NATURE IN 2011

2011的自然风
——福州北纬25N独栋别墅

项目地点：福州
室内设计：黄志达设计师有限公司
设计师：黄志达

闲的健身房，无论是一小时的瑜珈还是半小时的慢跑，都可以轻松享受到运动带来的舒适。

一层区域注入了比较多的欧式元素，拱形的门窗、古典的天花和壁炉以及相对对称的空间布局。同时，绒布、铁艺、动物皮毛等不同的材质和肌理，在灯光的衬托下，让空间的高贵与大气有了更具象的演绎。墙上两幅抽象的挂画，或典雅如冬或热情如夏，无不体现着主人

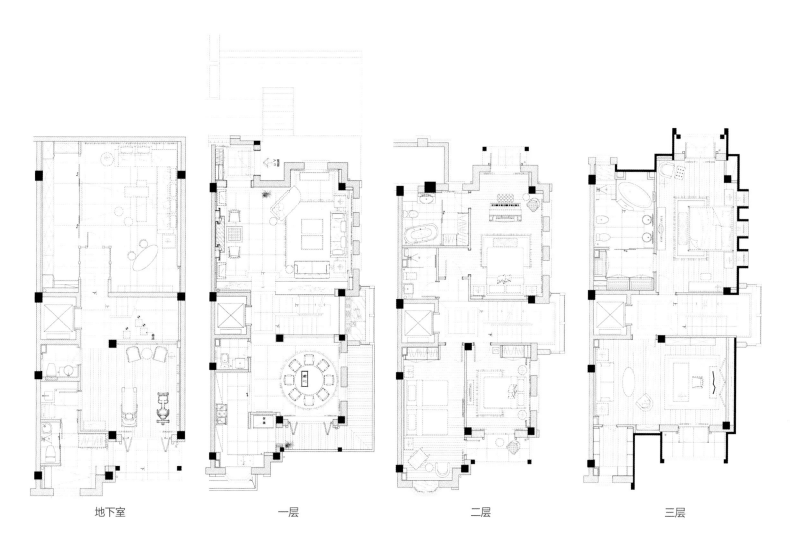

地下室　　　　　　　　一层　　　　　　　　二层　　　　　　　　三层

的艺术品位。

房间设置在第二层。主人女儿的房间拥有理性的条纹窗帘，加上暗红色的繁花地毯，让空间中散发着成熟女性特有的理性与韵味。整齐而简洁的父母房，质朴的布艺、素雅的挂画，足以看出老人宁静而平和的心境。

主人房设置在第三层，这个面积不小的私密空间设置得非常精致、典雅和通透，不同程度的浅咖啡色在空间中蔓延开来，多面的开窗引大面积的自然光入室，令浅色系的温润感四溢。一面由多个几何镜块拼凑成的梳妆镜成了空间的亮点，与整个空间的建筑结构相应成趣，仿佛有一种令时间静止的魔力。衣帽间与卫

浴间中，镜子的巧妙运用，幻化出隐于空间容器的深度与广度。卧室旁的宽大书房是男主人享受私人慢时光的空间，经典的中式元素以简单而富有时尚感的姿态出现，古典屏风、君竹图案的地毯、木雕摆设，物品间的组合与拼凑让空间呈现出一种安静沉稳之美。

顶层的小阁楼作为家庭厅使用，独特的天窗下，树干和鸟笼的造型摆设让这里仿佛充满了鸟语花香。在这个没有人打扰的空间里，可以品茶下棋，也可以即兴拉上一段小提琴曲，把凡尘琐事抛弃九霄云外，尽享一回快乐的时光。

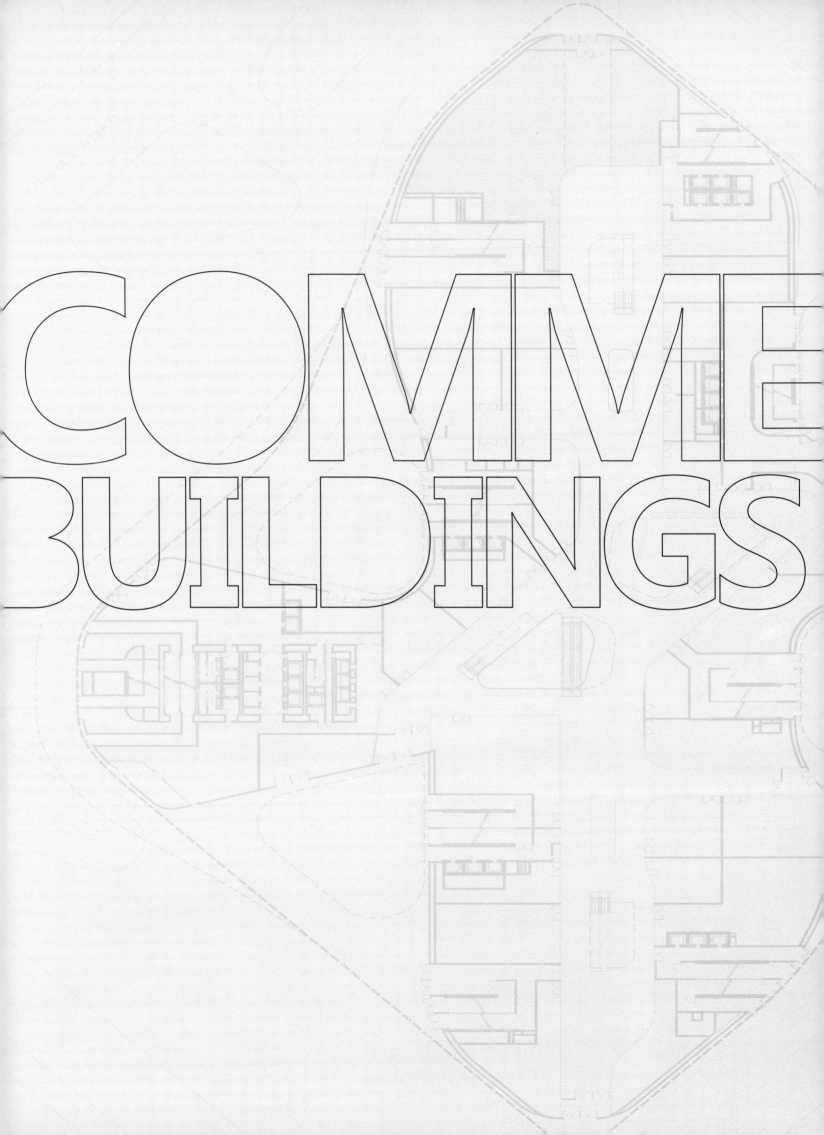

COMME
BUILDINGS

RCIAL

商业地产

P112

宝嘉母电讯大楼：
强烈感官冲击的椭圆体

P118

越南河内印度支那广场：
塔楼牵手裙楼

P122

华尔登国际酒店：
荷花飘香的多元体

P126

上海日月光中心：
地铁上的大型城市综合体

P134

南山茂业时代广场：
商业与文化共舞

ELLIPSOID WITH STRONG SENSORY IMPACT

强烈感官冲击的椭圆体
——宝嘉母电讯大楼

项目地点：法国巴黎
建筑设计：Arquitectonica建筑设计事务所
面　　积：45 000 m²

项目概况

该项目是一家公司的总部办公综合楼，包括一座25层的塔楼和两座8层高的裙楼，拥有校园般的背景。

规划布局

项目围绕位于中间位置的塔楼布置。它与EDF塔楼并肩而立，并适当地延伸足迹、增加高度以形成较大体量。项目同时包括一座低层

建筑，用来平衡可建设面积。

沿街建有一间与椭圆体相平衡的长条，形成蜿蜒的"S"形，契合椭圆体的趋势。其可塑造成符合椭圆体的感官感受。"S"形的长条建筑包含更多的18m宽的经典办公室或两个沿线形玻璃脊而设的12m的区域。

另外一座建筑跨越巴黎的边界线。三座建筑由置身于景观的中庭连接。该结构将塔楼和"S"形办公楼与周围的景观联系起来。

三座建筑的形体均源于自然的启示，巧妙地传达了有机的信息。塔楼的设计灵感来自河岩，"S"形办公楼源自小树枝，而中庭则源自泥土。它们是绿色社会的象征。同时，为了展示技术时代，建筑形体高度抽象化，并用充满现代感的玻璃和钢来包裹。

从城市设计的角度来看，该项目利用了其所在位置的二元性：建筑面向巴黎和伊西莱穆利诺。同时中庭的入口也分

别面向两座城市。"S"形办公楼从空间上和视觉上连接了城市与河流。开放的空间穿过基地和中庭,在与街道之间搭建了一座视觉通廊。从码头到达该处,驾车与公共交通等同样便利。

建筑设计

项目中椭圆形的形体赋予了建筑方向感,并呈现出多重立面。建筑虽没有前后之分,但是却表达了从伊西莱穆利诺向巴黎、从街道向周边、从陆地到河流的运动趋势。柔和的轮廓避免了生硬感和角落感,符合了大众空间的要求,并且与周边绿色的景观相融合。椭圆形棱柱的高空部分经过打磨与建筑的轮廓边角相合。其打磨形成了弧形的立面效果,退台式波纹板形成了额外的功能空间,商务办公楼层则采用小比例和多角玻璃面,如同温室一般,使顶层空间充满独特感。

建筑体量在中部继续上升,将电梯和机房掩藏其中。两角相交于弧形的顶点,形成一个顶峰。类似的造型在建筑底部重复,在入口处形成遮盖的效果,完善了底部的结构意在用旋转的空间,代替了中规中矩的底部设计,强调了现代感。

塔楼的玻璃表层由一系列凹槽连接,形成旋转的趋势,如同速率线或鱼鳃,在一定的位置形成露台或边角办公室,其贯穿了整座塔楼,并且增加了纯棱柱体的进深。

设计还对塔楼的中心电梯、楼梯、技术室和洗手间进行细致布置。中部空间则用做办公室和其他办公服务功能。椭圆形体通过扩大中部空间、缩小周边空间的最大化办公空间,由此形成的楼面拥有最大的周长和75m的最大长度。

TOWER AND PODIUM HAND IN HAND

塔楼牵手裙楼
——越南河内印度支那广场

项目地点：越南河内纸桥郡
发 展 商：印度支那地产
建筑设计：香港嘉柏建筑师事务所
设计人员：Frank Yu、Claude Wong、Solomon Fong、Gary Sharp
占地面积：16 600 m^2
建筑面积：107 200 m^2
建筑高度：136 m

河内印度支那广场主要由36层和32层的双住宅塔楼组成，拥有各个方位的视角。广场的建筑还包括挑高无柱的11层商务楼和环绕内部庭院而建的5层裙楼。

裙楼

裙楼的设计给购物者一种真正意义上的国际化购物经验，以双天桥连接各独立区域。这些区域进驻了时尚精品店，提供各类美食及室内外饮食氛围的餐饮店，超级市场，家具及家居用品店，室内娱乐和私人功能场所以及只供居民使用的健身中心（包括屋顶泳池）和室外娱乐设施。中心也提供专业的日间托儿设施和有安全保障的室外儿童游乐场等服务。

塔楼

项目的塔楼配置有三台包括货梯在内的高速电梯，房间面积分别为180m²和156m²的宽敞精装两房或三房

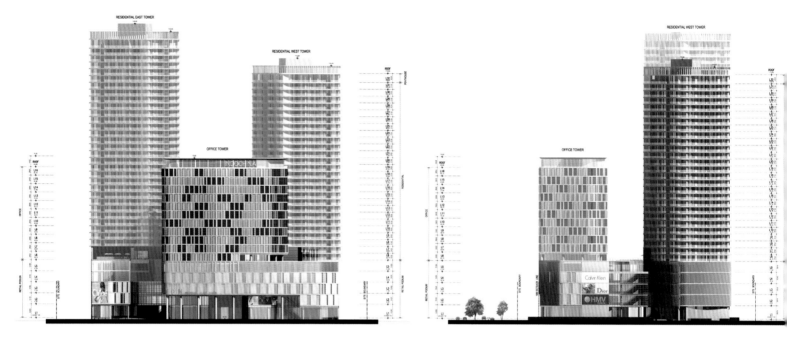

北立面   西立面

公寓，并配有精装阳台及供洗晒衣物的隐蔽空间。底层公寓避免了与办公楼相对视，给居民提供了连续的视角。货物装卸，厂房及机械设备维修，垃圾回收及其他相关活动将通过建筑后面的服务型道路完成。考虑到当前和今后的停车需求，项目中的住宅拥有2.2万m²以上的通风地下室，为居民提供安全的停车场所，同时为商业及零售租户和使用者提供丰富的场地。

空调、储水、防火设施

公寓的空调装置由一层一层的隐秘的多重分裂输送系统控制，设计为经济型，零干扰，低噪音。项目中的办公室和零售商的空调系统则采用了中央规划系统和空气冷却机。

所有的卫生间、厨房和有水的地方都向着开阔的室外，来提高居住的舒适性；水管装置的设计保证了长期可靠的服务和方便的维护。此外，还提供安全、全面的天然气供应网和储水，满足全天候的内部需求和100%的电力储备。

防火设施包括了灭火装置、洒水车和烟雾探测装置，均设置在各个楼梯间和大厅，以防止烟雾渗透；并且所有裙楼楼层都设有走火楼梯。消防车可畅通无阻地进入到庭院，并可通过前、后及侧边通道进入项目的所有建筑。

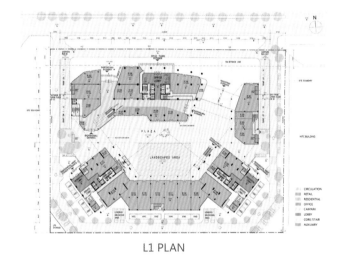

ROOF PLAN

L1 PLAN

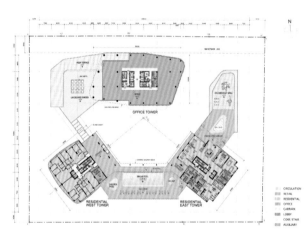

L6 PLAN

COMPLEX OF LOTUS SCENT

荷花飘香的多元体
——华尔登国际酒店

项目地点：东莞桥头镇
建筑设计：深圳市同济人建筑设计有限公司
占地面积：17 184.4 m²
建筑面积：54 000 m²

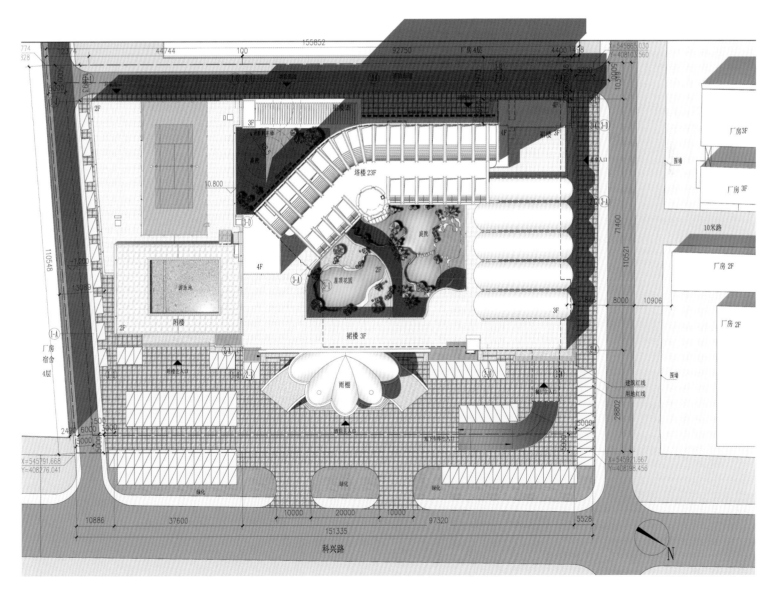

项目概况

东莞市桥头华尔登国际酒店位于桥头镇中心文化广场右侧，桥头镇素有中国荷花名镇之称，是广东省东部地区重要的经济发展区域。华尔登国际酒店到处透露着荷花水乡的情感，将酒店与地道文化轻轻地揉合一起。酒店楼高23层，地面23层，地下1层，是集住宿、餐饮、娱乐、休闲、商务于一体的综合性城市商务酒店，也是东莞市高档次的五星级酒店之一。

酒店距离东莞常平火车站仅15分钟车程，亦位于多个高速公路网络的中心地带，交通便捷。

酒店占地17 184.4m²，拥有客房400间，设有行政楼层、日式楼层、无烟楼层，中、西、日餐厅及大型宴会厅，多功能会议厅，69间设计新颖的KTV包房及时尚吧，100间康乐房等服务设施，游泳池，网球场，健身房等康体设施一应俱全。

规划布局

华尔登定位为涉外五星级酒店，由设计师采用集中的布局方法以节省土地，并形成两个以水为主题的庭院空间，让目光尽量停留在内部的可控制的景观空间中，以弥补周边环境较差的缺憾。

华尔登酒店的主要功能为三个部分，裙房部分（综合服务区）、塔楼部分（客房区）、附楼部分（夜总会）。塔楼平面呈"V"形布局，面向城市干道及桥头镇文化广场，呈现出欢迎的气势。裙房的立面以"门"为设计元素，象征凯旋之意；而塔楼立面以"帆"为设计元素，创造出庄重、稳健的立面形象。

建筑设计

项目在设计之初就将人性化的理念贯穿其中，多处精巧的设计与酒店特色融为一体。给人带来了自然和谐的感受。酒店独立大堂与中庭园林融为一体，形成静与动的良好互动关系。

大堂是整个酒店的功能交接、空间转换的中心。大堂总层高13m，共有2层高度，呈半圆型空间，巨大的圆形吊顶和地面的石材荷花拼花遥相呼应，犹如一朵盛开的荷花。

裙楼大堂上方极具科技感的光纤与四周墙面巨型的变色LED阵列，将整个大厅烘托得流光溢彩、炫目撩人。两侧全景钢化玻璃声控灯光的楼梯、两侧双通道沿墙缀饰的光纤帘和转角满墙的立体透视镜，通过空间的放与收、灯光的变换及材质的有机组合将客人引入缤纷豪华的声色世界。墙面石材的施工工艺上也采用了比较先进且施工方便的背挂式干挂技术，运用背部锚栓将石材固定在金属挂件上，这样设计比较适合较高位置的石材安装，也能保证石材不出现开裂现象。局部的造型石材则采用更为先进的单元体法，在提高工作效率和构件精度上都起了很大的作用。

别具风情的日式客房，酒店亦创新地渗进了空中花园的设计，从中可以感受到开阔与自然的气息。所有客房均设有宽带上网接口、液晶电视、迷你酒吧等五星级酒店的常规设备。酒店特别为行政人员设有行政楼层及行政酒廊。还有面积达650m²的总统套房，酒店安装了专用的电梯识别系统来照顾套房客人的隐私。

另外，碧湖殿多功能宴会厅也值得一看，它是一个826m²的无柱场地，楼高12m，开阔宽敞，能同时举办58席中式宴会或同时容纳800位嘉宾举行会议之用。

THE URBAN COMPLEX OVER THE SUBWAY

地铁上的大型城市综合体
——上海日月光中心

项目地点：上海卢湾区
建筑设计：上海中房建筑设计有限公司
占地面积：44 000 m²
建筑面积：300 000 m²
容 积 率：4.0

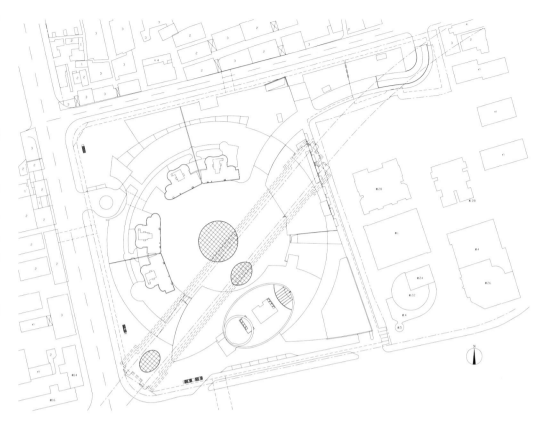

项目概况

日月光中心位于上海市卢湾区打浦桥
地区。是上海目前唯一建成的大型地
铁上盖城市综合体。由一栋超高层办
公、两栋百米高公寓式办公及约9万m²
的大型综合商业组成。地下共四层，
有地铁9号线斜穿整个基地。用地约
44 000m²，总建筑面积约30万m²，
容积率4.0。电梯站厅设于地下二层，
与商业广场无缝连接。

规划布局

由于综合体的建筑体量均比较大，所以在裙房设计上充分考虑与周边建筑的协调，尤其是泰康路街道空间的完整。商业裙房的体量布置于基地外围，形成一个内聚性的商业广场，既有利于强化社区空间联系又减少了商业人流对城市主干道的交通影响。

超高层办公楼位置靠近徐家汇路，将成为新新里社区标志性建筑，有利于打浦桥地区中心的功能。而高层公寓式办公尽量远离泰康路，以减少对泰康路的压迫感，且有利于沿泰康路商业裙房与周边老建筑的协调。

建筑设计

日月光中心的商业从地下二层至地面五层，共约9万平方米。设计中，位于地下二层的站厅及地铁疏散通道两侧，均与下沉式商业广场、商业内街之间在视线及空间上相互贯通、浑然一体，为商业带来了无限商机。下层式广场不仅是人们购物休闲的场所，也是大面积商业中识别性很强的空间。均匀布置的自动扶梯和下沉式广场使地下与地面融为一体，形成了"商业无上下"的概念；圆形的布局，又缩小了各类商业区位的差异。这种设计方法，不仅为购物带来便利，也为铺位的租售创造了有利条件。

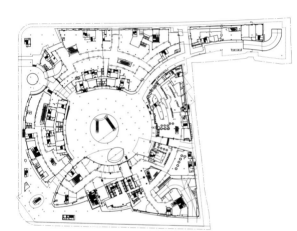

底层平面图

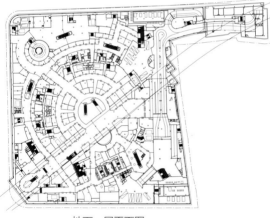

地下一层平面图

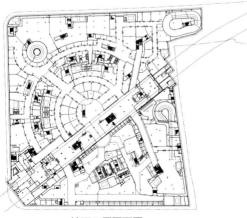

地下二层平面图

约30万平方米的建筑规模，尤其是庞大综合体的24米高近200米长的裙房尺度会对城市道路产生什么影响是设计师也是规划局关注的重点。通过主体建筑的退界、裙房体量的分块以及外墙材料的材质和色彩，建成后的日月光中心是一组表象突出整体性强又与环境和谐共存的建筑群体。

交通设计

作为一个与地铁融合的超大型商业综合体，立体交通是其中一个重要特征。商业人流即可通过地面与过街楼引入内广场，惟减少对城市交通压力，又可以通过地下二层预留的地下通道与周边地块相连，形成地下路网；公寓式办公人流通过底层专用大堂，由电梯直接上至六楼的屋顶花园后进入，与商业人流互不干扰；为了最大限度提升本项目的商业价值及减缓周边城市道路拥挤；本项目出租车停靠和等候区均设计在地下一层，乘客可在下车后直接进入商场；商业货运组织也设置在地下一层，南北共设有二个卸货区，通过货运通道和货梯与商铺连通。

THE DANCE OF COMMERCE AND CULTURE

商业与文化共舞
——南山茂业时代广场

项目地点：深圳南山区
建筑设计：深圳市同济人建筑设计有限公司
占地面积：10 926.48 m²
建筑面积：90 066 m²
容 积 率：5.0

项目概况

茂业时代广场位于深圳市南山商业文化中心区，东面和南面是城市印象、海印长城、华天阁等高档住宅小区，西面是南山书城，西南面是海雅百货，北面为文心公园。项目与南山书城共建一条商业文化步行街。周边服务配套设施齐全，其中有被称作第三代新型百货典范的茂业百货南山店现进驻茂业时代广场，其营业面积达6.8万余平方米，实现精品购物与休闲美食完美配合。整个片区商业气氛浓厚，集居住、休闲、商业、科教于一体。

规划和建筑设计

项目的规划设计贯彻以人为本及生态原则，以有限的空间创造出无限的商业价值为设计理念，力求塑造一个具有优雅环境、文化内涵和个性鲜明的高档商业与办公空间。

项目用地面积10 926.48m²，地块建筑功能为商业和办公。大厦共24层，有空中花园转换层和楼顶平台构成的空中立体生态系统，5A智能化高端办公，7部日本三菱电梯以及美国特灵中央空调系统全程高端配置等，实现健康商业和办公环境。

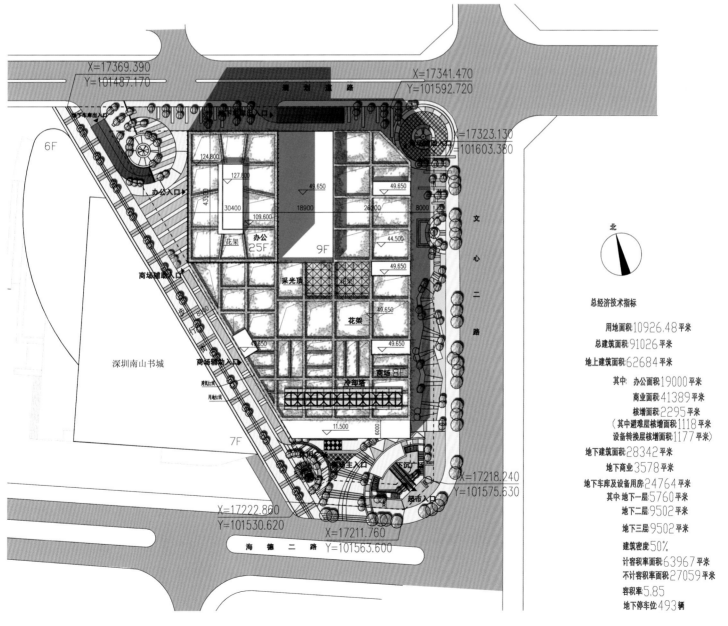

北

总经济技术指标

用地面积10926.48平米
总建筑面积91026平米
地上建筑面积62684平米
其中 办公面积19000平米
商业面积41389平米
核增面积2295平米
（其中避难层核增面积1118平米
设备转换层核增面积1177平米）
地下建筑面积28342平米
地下商业3578平米
地下车库及设备用房24764平米
其中 地下一层5760平米
地下二层9502平米
地下三层9502平米
建筑密度50%
计容积率面积63967平米
不计容积率面积27059平米
容积率5.85
地下停车位493辆

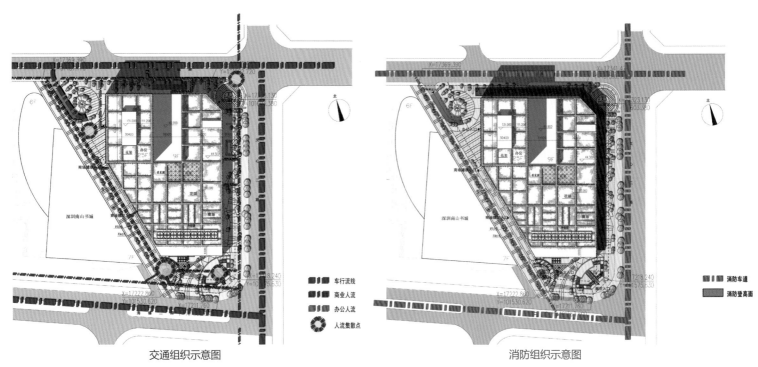

交通组织示意图

消防组织示意图

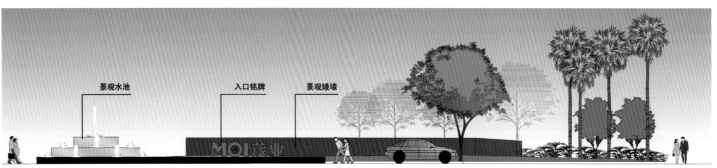

景观水池　　　　入口铭牌　　景观矮墙

台阶　　　　　　广告牌　　　　　　　　路灯广告牌

特色树池　　　　车行道

600　　　　　　　　16200

【台阶踏步方案一】

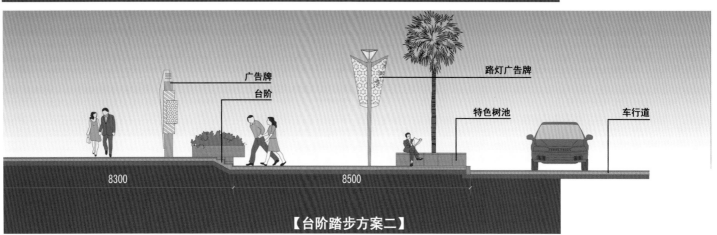

广告牌

台阶　　　　　　　　　　　　路灯广告牌

特色树池　　　　车行道

8300　　　　　　　　8500

【台阶踏步方案二】

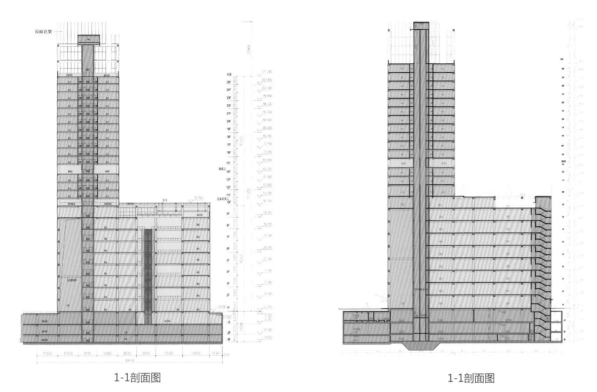

1-1剖面图 1-1剖面图

北立面图 南立面图 东立面图

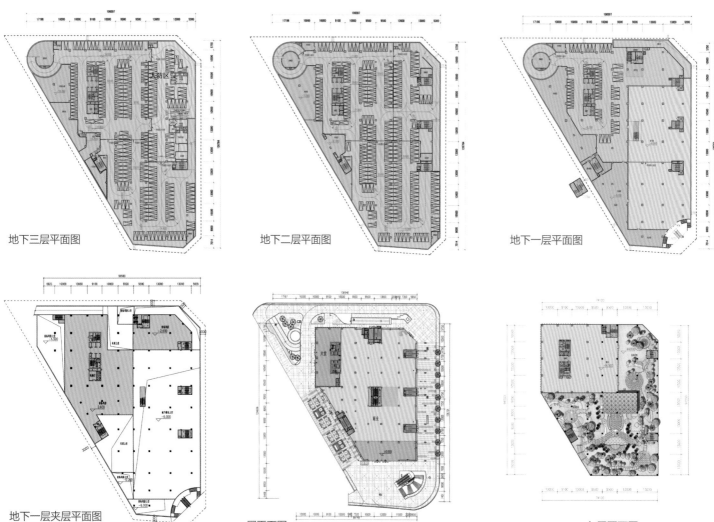

地下三层平面图

地下二层平面图

地下一层平面图

地下一层夹层平面图

一层平面图

九层平面图

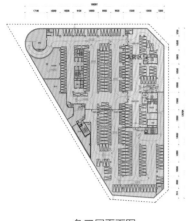

负三层平面图

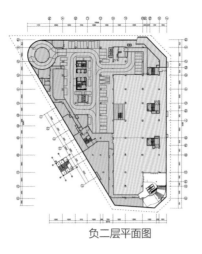

负二层平面图

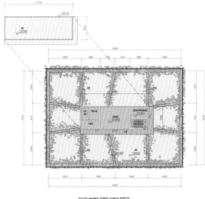

塔楼标准层平面图

屋顶平面图

项目建筑退红线要求为各边均不少于8m。本建筑物建筑高度为124.1m，首层层高为5.1m，其余各层层高为3.8m，商场人流和办公人流分开，每层商业区均设有两台双排扶梯。每层办公区采用内廊式，最大限度地利用空间，共设有四台客梯，一台消防电梯。

根据规划要求和建筑物的功能需要，车辆的两个进出口设置在北侧和东侧，商业出入口与办公出入口分开，商场辅助入口在用地东北角和与书城相连的步行街上，做到人车分流。

户型设计

户型是标准层面积为1 325m²的户型，办公面积由85~1 325m²灵活分割，户型方正，自然采光，使用率高达74%。

南立面

北立面

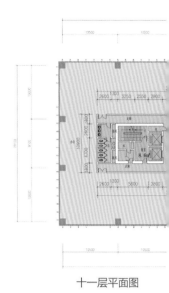

十一层平面图

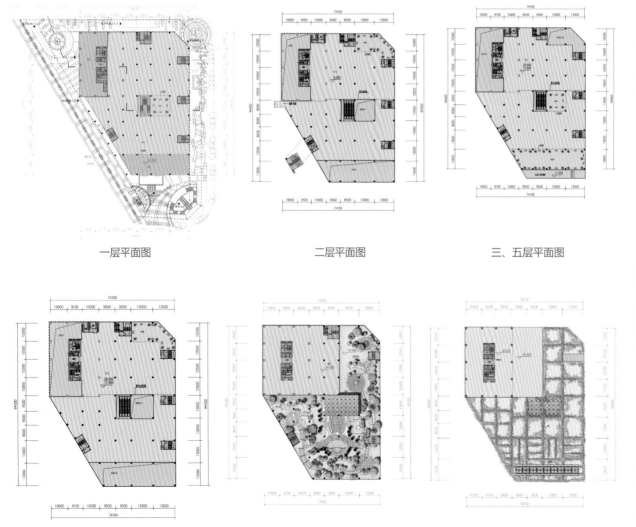

一层平面图　　　　　　二层平面图　　　　　　三、五层平面图

四、六层平面图　　　　　　九层平面图　　　　　　十层平面图

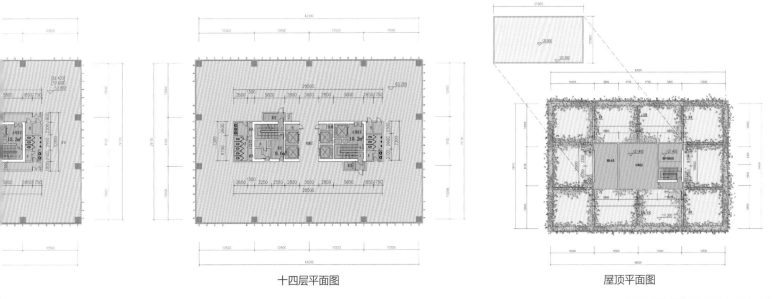

十四层平面图 屋顶平面图

景观设计

项目遵循广告景观化原则，考虑到商业街的特殊性，不为纯做景观而做景观，而是把景观与广告相结合，设计出能创造价值的景观。其次设计包容周边环境——因基地景观面积狭小这样一个特点，设计采用"借景"的手法，把周边可以充分利用的空间延伸过来，使基地的景观面积无形中扩大。最后，项目遵循聚集人流的原则，项目周边有很多原有的商业空间，商场面临的首要问题是要从中脱颖而出，因而景观构筑设计具备了大体量、造型新颖的特点。

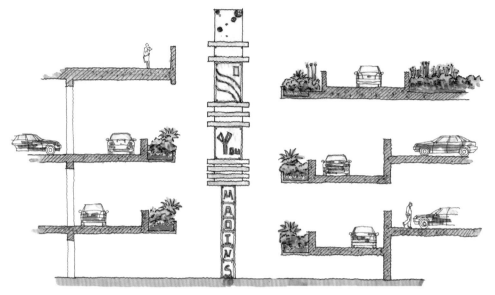

道路景观

地下入口广场景观